AF390998

PARMENTIER

RUMFORD — LIEBIG

Gr. in-8º, 4e série.

PARMENTIER

MADAME LA COMTESSE DROHOJOWSKA
née Symon de Latreiche.

LES SAVANTS MODERNES ET LEURS ŒUVRES

PARMENTIER

RUMFORD — LIEBIG

ALIMENTATION PUBLIQUE

orné de 35 gravures.

LIBRAIRIE DE J. LEFORT

IMPRIMEUR ÉDITEUR

LILLE | PARIS
rue Charles de Muyssart, 24 | rue des Saints-Pères, 30

INTRODUCTION

En rapprochant les noms de ces trois célèbres savants qui appartiennent à des nationalités différentes, nous sortons du cadre dont nous ne nous étions pas écarté jusqu'ici : nous introduisons, dans la galerie réservée aux illustrations françaises, des illustrations étrangères.

Le désir de traiter, au moyen de trois noms connus et de trois notices intéressantes, quelques-unes des grandes questions d'hygiène et d'économie domestique qui ont trait à l'alimentation humaine, nous a porté à établir ce rapprochement.

Que nos lecteurs nous permettent de nous arrêter quelques instants sur ce sujet si important, avant d'aborder les récits qui font l'objet de ce nouveau volume des *Savants modernes et de leurs œuvres*.

Nul n'ignore que, dans son éternelle prévoyance, le divin Créateur de l'univers a disséminé sur la terre les germes réparateurs de tous les êtres qui, jouissant de la vie, sont par là même condamnés à la perdre.

« Ministre de ses volontés, la nature féconde obéit à la voix de l'homme qui, par l'agriculture, agrandit le domaine de ses jouissances, et recule, pour ainsi dire, les bornes de la création.

» Rien ne serait plus curieux et plus utile qu'une histoire détaillée de ce qu'ont fait, en traversant les âges, dans les différentes régions, les sections diverses de la famille humaine pour se nourrir, se vêtir et s'abriter.

» Les aberrations de l'esprit systématique, les pratiques vicieuses, les préjugés ridicules ou désastreux ne devraient pas échapper aux recherches de l'historien. Il importerait également de faire connaître les erreurs qui marquent l'écueil, et les tentatives couronnées de succès qui indiquent la route.

» C'est ainsi que le passé deviendrait l'héritage de l'avenir. Car, bien que, suivant l'expression de Fontenelle, les sottises des pères soient perdues pour leurs enfants, l'histoire, en indiquant les maux, montre

les remèdes connus, si, à raison de leur efficacité,
on pouvait se promettre que les hommes auront toujours soin d'y recourir.

» Mais où trouver les monuments dont se compo-
serait cette histoire ? où puiser les détails circonstan-
ciés de ce qu'ont successivement fait les peuplades
humaines pour seconder la fécondité de la nature,
pour vaincre les obstacles résultant du sol et du
climat?...

» Ceux qui maniaient la charrue et la bêche écrivaient peu, et ceux qui écrivaient eussent craint, pour
la plupart, de rabaisser leur talent en traitant de
l'agronomie.

» Plus occupés de l'art qui détruit que de celui qui
conserve, les auteurs nous parlent de batailles, de
légions, de machines de guerre plutôt que d'instru-
ments aratoires, et s'il leur arrive d'en dire quelques
mots, c'est incidemment et de façon à laisser le champ
libre aux suppositions, bien plus qu'à former une idée
exacte et vraie des mœurs, des habitudes, de la vie
journalière, en un mot, des anciens peuples, » auxquels nous avons emprunté, en les améliorant successivement, leurs méthodes de culture.

Au XVIe siècle seulement, ces méthodes reçoivent

en France une sanction quasi officielle, grâce au code formulé sur ce sujet par Olivier de Serres dans son *Théâtre d'agriculture;* mais sans toutefois que les investigations de ce savant agronome, ni celles de ses émules, se tournent vers l'origine des produits, dont ils enseignent à améliorer les espèces et à tirer le meilleur parti possible.

En revanche, si le passé continue à rester dans les ténèbres, le présent s'éclaircit, l'avenir se prépare.

L'histoire de l'agriculture — et peut-être dans un certain sens, c'est-à-dire considérée comme une science, — l'agriculture a pris naissance chez nous.

A dater de ce moment, nous pouvons en suivre les traces, en marquer les progrès. Et à mesure que ces progrès s'accentuent et se complètent les uns par les autres, la situation du peuple change, son existence s'améliore, la durée moyenne de la vie humaine augmente.

Qui pourrait contester que les hommes qui ont pris une part active et décisive à ce progrès, n'aient le droit de revendiquer une place d'honneur parmi les bienfaiteurs de l'humanité.

C'est à ce titre que Parmentier, Rumford et Liebig s'imposent, entre beaucoup d'autres, hâtons-nous de le dire, à notre attention et à la reconnaissance générale.

C'est à ce titre qu'au moment à peu près où paraîtront ces lignes, la France s'unira pour rendre un hommage éclatant au premier de ces trois savants, à Parmentier, le vulgarisateur en France de la pomme de terre, et qui, non content de cet immense service rendu au pays, appliqua son savoir et son influence à éclaircir tous les doutes qui existaient encore à son époque sur les propriétés, la mise en œuvre et les emplois des principaux produits de notre sol : le blé, la mouture et la panification, la vigne et la fabrication du vin et du sirop de raisin, les plantes légumineuses et saccharines, etc.

Parmentier, lecteur assidu et disciple fidèle en agronomie d'Olivier de Serres, a eu en outre le mérite, dont on ne lui tient, croyons-nous, pas assez compte, de mettre en parfaite évidence la richesse de notre sol et l'avenir réservé à notre agriculture.

En effet, ainsi qu'il se plaît à le faire observer chaque fois que l'occasion s'en présente, jamais peut-être aucune nation ne fut placée dans des conditions plus favorables à l'agriculture que la France.

A l'avantage permanent d'un climat tempéré, d'un.

sol fertile, se réunissent d'incontestables avantages de circonstances. L'agriculture, en effet, y est l'objet de la sollicitude du gouvernement ; de riches et intelligents propriétaires y consacrent leur temps et leurs soins ; enfin, et ce sera, croyons-nous, un élément de progrès décisif pour un avenir prochain, un certain nombre d'industries de premier ordre et essentiellement rémunératrices s'y rattachent chaque jour plus intimement.

De telle sorte que plus que jamais il sera vrai de dire que « l'agriculture, la profession la plus ancienne, la plus durable, la plus nécessaire, est encore celle qui trompe le moins les espérances, et que quiconque s'y livre y trouve, pour les individus aussi bien que pour les nations, un moyen de bonheur et d'indépendance. »

PARMENTIER

« .... Si le nom de Parmentier est généralement
» connu, sa vie ne l'est pas suffisamment. On ne sait
» pas assez au prix de quel savoir, de quel esprit d'ob-
» servation, de quelles recherches et surtout de quel
» ardent amour de l'humanité ce modeste grand homme
» a pris place parmi les *hommes utiles*; on ne sait pas
» assez que le philanthrope et l'agronome étaient doublés,
» en sa personne, du savant éminent et de l'administra-
» teur non moins distingué. »

Comtesse DROHOJOWSKA.

(*Les grands Agriculteurs modernes.*)

PARMENTIER

I

I, lors de la naissance d'un enfant, il était donné à ses concitoyens de prévoir les destinées qui l'attendent, la petite ville de Montdidier (Somme) eût été en liesse, le 27 avril 1737.

Malheureusement la soi-disant science de lire dans le monde sublunaire l'horoscope de tout être humain de quelque importance n'a jamais été qu'une pure fantasmagorie dont l'astrologie judiciaire se servait, plus ou moins habilement, pour faire des dupes, au profit du prestige et de la fortune de ses adeptes.

Rien donc ne vint révéler aux paisibles habitants de la vieille cité picarde que le fils si longtemps désiré et si impatiemment attendu dans une honorable et modeste famille de la ville, prendrait place un jour au nombre des savants distingués de son temps, et, ce qui — sans dénigrer la science et les services que rendent ceux qui les cultivent — vaut mieux encore, parmi les hommes vraiment utiles au point de vue humanitaire et économique.

Le chef de cette famille, M. Parmentier, officier de mérite et

d'avenir, destinait sans doute, dans sa pensée, ce fils, pre-
mier-né d'un mariage heureux, à suivre un jour la carrière
dans laquelle lui-même s'était distingué.

Un de ces événements imprévus qui déconcertent les plans
les mieux conçus, vint modifier ces projets.

La mort prématurée de M. Parmentier, emporté en pleine
jeunesse et dans toute la vigueur de la santé par une maladie
subite et rapide, laissa sa jeune veuve chargée de trois enfants
en bas âge, Antoine, notre héros, et deux sœurs venues au
monde après lui.

Mme Parmentier était, sous tous les rapports, à la hauteur de
la tâche qui lui incombait ainsi. Epouse tendre et dévouée,
fidèle dans la mort à celui que Dieu lui avait repris, mais
qu'elle avait la ferme certitude de retrouver dans un monde
meilleur, elle reporta toutes ses affections, toutes ses préoccupations sur sa jeune famille.

Possédant des ressources suffisantes pour n'avoir pas à
lutter contre ces difficultés journalières de la vie, en présence
desquelles la mort d'un militaire ou d'un fonctionnaire laisse si
souvent une veuve, elle ne se dissimulait pas que cette petite
fortune serait insuffisante à assurer l'avenir de ses enfants.

Il importait donc de leur donner une éducation de nature à
les mettre en état de s'aider eux-mêmes aussitôt que possible.

De là le caractère sérieux et pratique, s'il nous est permis
d'employer ce mot, qu'elle s'attacha à imprimer à ses leçons.

Ses filles furent formées par elle, dès leur plus jeune âge,
aux occupations et aux devoirs de l'intérieur. En faire de
bonnes et habiles ménagères était son principal objectif; ce
qui n'empêchait pas qu'elle les encourageât de tout son pouvoir
à s'associer aux études de leur frère, études qu'elle dirigeait
elle-même sans aucun secours étranger.

On se fait, en général, une idée très fausse du caractère et de
l'instruction des femmes sous ce qu'on appelle « l'ancien
régime. »

Selon les divers types rendus célèbres par nos romanciers, on se les représente frivoles, légères, ne connaissant d'autres lois que le plaisir, d'autres freins que leur caprice; s'occupant aussi peu que possible de leurs maris et de leurs enfants ; en un mot, dissipant follement leur vie dans ce tourbillon de plaisirs qui composait, il est vrai, sous la régence et le règne de Louis XV, le caractère général de la haute société française.

Quand, fouillant un peu plus profondément dans la vie intime de la nation, on demande ses modèles aux écrivains d'un autre ordre, on se trouve en présence de femmes exactes à remplir tous leurs devoirs, parfaitement réglées dans leur conduite aussi bien que dans celle de leur maison, d'une piété généralement très austère, et se faisant gloire de ne savoir lire dans d'autres livres que dans leur livre d'heures!

Ces deux types forment les deux extrêmes du véritable rôle rempli par la femme durant les deux ou trois siècles qui ont précédé la révolution française; et si, pendant un moment, le premier prit une extension qu'on ne saurait nier, nous ferons observer que la réaction était déjà en voie de s'opérer avant 1789.

La cour, qui avait donné l'impulsion, s'efforça d'en arrêter l'élan. Dès l'avènement de Louis XVI, une heureuse transformation vint modifier les mœurs de ce qu'on appelait alors *la cour et la ville*, c'est-à-dire l'aristocratie, la noblesse non titrée et la haute bourgeoisie.

Dans ces hautes sphères, l'instruction, portée par certaines femmes à des limites qui n'ont pas été reculées depuis, n'était pas chose rare, ainsi que les critiques de Molière le constatent en en ridiculisant l'excès, ainsi surtout que le mettent en lumière les savantes études de Victor Cousin, sur les Françaises célèbres des xvie et xviie siècles.

Mais ce qui est moins connu, c'est que dans cette bourgeoisie aux habitudes simples, aux mœurs sévères, aux foyers de laquelle n'avaient pénétré ni la dissipation de vie, ni la passion du luxe, ver rongeur des hautes classes, ni le scepticisme de la philosophie alors en vogue, se trouvaient un certain nombre, peut-être, en parlant des villes où les lettres, les sciences et les arts étaient plus particulièrement cultivés, pourrions-nous dire un nombre considérable de femmes, qui possédaient un savoir plus profond que celui que constatent les nombreux diplômes et brevets qu'à chaque session distribuent les commissions universitaires actuelles.

Cette instruction d'ailleurs était d'une tout autre nature : elle portait moins sur les premiers éléments, sur les détails de chronologie, de nomenclature, sur les exercices de mémoire, en un mot; mais elle s'élevait à un ordre d'idées et de faits bien autrement sérieux; elle permettait à celles qui la possédaient de s'intéresser à tout ce qui touche à l'enseignement supérieur des hommes, à ne demeurer entièrement étrangères à aucune des études, à aucun des travaux, à aucune des recherches de leurs pères, de leurs maris, de leurs fils.

Et qu'on ne s'y trompe point, c'est là le but principal que doit se proposer l'instruction des femmes : mettre la fille, l'épouse, la mère en état de rendre le foyer domestique agréable à ceux qu'elle aime, d'entrer dans la confiance, dans l'intimité d'esprits supérieurs au sien, mais à la hauteur desquels elle s'efforce de s'élever; d'être, dans toute l'acception de ces mots, la compagne de son mari et la première institutrice d'abord, ensuite et toujours la directrice des études et des travaux de ses fils.

La femme ne doit, en effet, jamais oublier que, sous condition de s'amoindrir au lieu de s'élever, elle doit être avant tout une femme d'intérieur, et que tout ce qu'elle possède de connaissances, elle l'a acquis uniquement en vue de rendre cet intérieur plus attachant, plus moral, plus prospère.

Tels furent toujours les mobiles de la vie de M⁻ᵉ Parmentier. Possédant bien les auteurs classiques et parlant assez couramment la langue de Virgile et de Cicéron, possédant des

notions très précises sur les sciences mathématiques et naturelles, il lui fut aisé de commencer l'éducation de son fils et
même de la pousser assez loin ; ensuite et à mesure que le
savoir de l'enfant, atteignant celui de la mère, menaçait de le
dépasser, l'intelligente et vaillante femme travaillait de manière à se maintenir toujours en avant.

C'était une lutte d'émulation d'autant plus utile et avanta-
geuse que l'élève qui en avait conscience mettait toute sa joie
et toute sa reconnaissance à en profiter.

Nous avons dit que les jeunes sœurs de Parmentier assis-
taient à ces leçons ; elles y prenaient une part qui, bien qu'in-
directe, ne laissait pas d'avoir son importance.

Une remarque naïve, touchante, un de ces « pourquoi » dont
les petites filles surtout sont si prodigues, en portant Mme Parmentier à développer certains sujets, à en faire ressortir la
portée morale, le côté pratique, faisaient germer et grandir
dans l'esprit et dans le cœur de l'enfant d'abord et de l'adolescent plus tard cette passion du vrai, du bien, de l'utile, cet
amour en un mot de l'humanité, qui devait rester toujours le
trait distinctif, non seulement du caractère, mais des travaux
et des œuvres de Parmentier.

Toutefois, et bien que cette éducation familiale, surtout lorsqu'elle est donnée par une femme vivant entièrement hors du
monde, soit pour les jeunes filles la meilleure de toutes, elle
offre inévitablement pour les garçons des lacunes qui eussent
forcé Mme Parmentier à recourir, à un moment donné, pour
son fils, à l'enseignement public, si un ecclésiastique, ami de
la famille, n'eût mis à sa disposition son grand savoir et son
expérience plus grande encore de la jeunesse.

Grâce à cet ami, qui était en même temps pour elle un aide
et un mentor, Mme Parmentier amena son fils juste à ce point
précis où un jeune homme peut choisir une carrière et en
aborder résolument l'entrée.

Un moment — et le goût qui le poussa plus tard vers le service médical des armées en est une preuve indiscutable — un moment, disons-nous, notre jeune ami eut la velléité de décrocher la vaillante épée de son père de la place d'honneur où, conservée comme une relique pieuse, elle n'avait jamais cessé de présider le petit cercle de famille, et d'aller la mettre à la disposition du roi.

Mais cet enthousiasme juvénile n'eut que la durée d'un éclair : l'entretien de trois enfants, leur éducation pour si économiquement qu'elle se fasse, sont une lourde charge, Mme Parmentier en avait fait l'expérience ; son petit patrimoine avait diminué, et comme la partie principale de son avoir consistait en pensions viagères, le premier devoir de son fils était de se mettre en état de pourvoir aux besoins de ses sœurs au cas où cette mère chérie viendrait à leur manquer, et un peu plus tard à aider celle-ci, si Dieu la leur conservait, à les établir.

Mme Parmentier, à qui aucune des pensées de son fils n'était cachée, applaudit à cette résolution, et, dès lors, la mère et le fils cherchèrent de concert quelle était la meilleure voie à suivre.

Parmentier se sentait invinciblement attiré vers l'étude des sciences ; la chimie surtout le charmait, le captivait, et comme la médecine et la pharmacie étaient alors le théâtre des essais et des découvertes de la chimie encore à son début, ce fut de ce côté que se tournèrent les vues du jeune homme.

Mme Parmentier l'encouragea d'autant plus volontiers à embrasser cette carrière qu'elle avait le droit de compter sur la bienveillance et l'appui particulier d'un des pharmaciens les plus connus de Paris, M. Simonet, très proche allié de sa famille.

Il était dans le caractère de la mère et du fils d'aller, une décision prise, droit au but.

Antoine entra sans tarder chez un pharmacien de Montdidier pour y faire son « apprentissage. » Nous employons à des-

sein ce mot *apprentissage*, qui, appliqué à la pharmacie, atti-
rera assurément l'attention de nos lecteurs, et pourra même,
dans une certaine mesure, froisser l'amour-propre des hommes
du métier sous les yeux desquels tomberaient ces lignes, parce
qu'il peint d'un seul trait les mœurs de l'époque.

Ce n'était pas, en effet, comme de nos jours, *un élève*
n'ayant à s'occuper que des manipulations du laboratoire ou
de la vente à la pharmacie; c'était, dans la plus rude acception
donnée à ce mot dans les ateliers de métiers manuels, un
apprenti qui devait, aussi longtemps qu'il était dernier arrivé,
faire en même temps le service d'homme de peine.

Parmentier avait alors dix-sept ans. Pour un jeune homme
élevé comme lui, entre une mère douce et tendre et des sœurs
pleines de délicates attentions, l'épreuve dut être des plus
pénibles.

Le jeune homme n'en laissa rien voir. Aussi bien une nouvelle passion, qui se manifesta chez lui vers cette époque,
qui absorbait tous ses moments de loisir et qui trouvait à
chaque instant un aliment dans la pharmacie même, ne lui per-
mit-elle pas de trop s'appesantir sur les mauvais côtés de son
début dans sa nouvelle profession.

Nous voulons parler de l'amour dont il s'éprit presque
soudainement pour la botanique. « Toutefois ce n'étaient ni la
connaissance des plantes au point de vue du rang qu'elles
occupent dans la nomenclature scientifique, ni les mystérieuses
et splendides harmonies de la vie végétale qui stimulaient sa
curiosité.

» Ses visées montaient plus haut; ce qu'il cherchait dans
l'observation et l'étude des plantes, c'était le rapport qui,
selon lui, devait exister entre la plupart d'entre elles et l'alimentation, la santé publique.

« Dieu, disait-il, n'a rien créé d'inutile ou d'incomplet, et
» s'il a permis que la maladie, la misère, la famine se pro-
» duisent dans le monde, il n'a certainement pas manqué de

» placer à côté de ces maux le moyen d'y porter remède.

» Quand il souffre, l'animal, livré à son instinct, cherche et » découvre parfois, au sein même de la terre, l'herbe, la ra- » cine qui calmera sa douleur, la plante nourrissante qui » apaisera sa faim. N'est-ce pas là un exemple que l'homme » doit suivre ? »

» Et, stimulé par ses réflexions, il se donnait déjà pour mission de chercher « l'utile » en tout ce qu'il entreprenait. »

Un peu étonnée sans doute, mais assurément charmée de voir ses leçons et ses exemples porter des fruits si précoces, Mme Parmentier n'épargna rien pour maintenir son fils dans ces dispositions heureuses ; elle s'associa à ses recherches, partagea ses trop rares herborisations, fit elle-même avec l'aide de ses filles quelques observations intéressantes qu'elle lui communiqua, et enfin s'imposa une foule de petites privations pour lui procurer les ouvrages, alors aussi coûteux que rares, qui traitaient de cette science.

Ces délicates attentions auxquelles ses sœurs s'associaient à l'envi, achevaient d'ouvrir le cœur du jeune homme à tous les bons et généreux sentiments qui devaient l'animer jusqu'à son dernier battement.

C'est ainsi que s'écoula, heureuse, charmante, et regrettée toute la vie, malgré ses mécomptes et ses petits froissements d'amour-propre, l'année d'apprentissage de notre futur savant.

Libre de tout engagement envers son premier maître dont il emportait l'amitié et l'estime, muni d'un bagage scientifique qu'il semblait avoir instinctivement acquis, il se sépara pour la première fois de sa mère et de ses sœurs et partit pour Paris.

M. Simonet, son parent, l'accueillit avec une bienveillance presque paternelle. Il croyait avoir tout à lui enseigner, et il trouva avec stupéfaction que, sur certains points, c'était plutôt un maître qu'un élève qu'il trouvait en cet adolescent à peine débarqué de sa petite ville.

L'esprit de famille développé par un grand fonds de bien-

Versailles.

veillance l'avait instinctivement poussé vers ce jeune homme
que son titre d'orphelin et surtout les soins, le dévouement de
sa mère rendaient si particulièrement intéressant.

Quelques jours de cohabitation s'étaient à peine écoulés que
ce n'étaient plus ces motifs secondaires, mais le mérite même
de son jeune parent qui l'attachait à lui.

Tout ce qu'un homme, versé dans sa profession et aussi
dévoué qu'éclairé, peut faire en faveur d'un débutant, M. Simonet le fit pour Parmentier, et celui-ci répondit si bien à ces
soins, que dès l'année suivante il recevait le grade d'officier de
santé.

II

« C'était, dit M. de Falloux dans sa remarquable notice historique sur Parmentier, en 1757, et cette année, si mémorable
dans notre histoire, ne devait pas être moins importante dans
la carrière du savant qui nous occupe.

» Il est donc impossible de ne s'y pas arrêter un instant,
tout en évitant le plus soigneusement possible des proportions
historiques que la modestie de notre sujet ne comporte pas.

» La minorité et le règne de Louis XV furent l'époque la
plus funeste, et au véritable intérêt de la monarchie et au véritable génie de la nation française. Jusqu'alors et à travers des
vicissitudes diverses, l'un et l'autre s'étaient toujours combinés
pour la gloire commune, la royauté accomplissant sa fonction
de faire prévaloir par-dessus tous les obstacles intérieurs ou
extérieurs l'unité de la nationalité française ; le peuple maintenant avec une persistance presque toujours triomphante ses
traditions de propre dignité ; en sorte que la royauté et la

nation, unies par les liens les plus étroits, demeuraient le type et l'avant-garde de la civilisation européenne.

» Louis XIV, portant jusqu'à son extrême limite l'une des deux conditions de notre vitalité, léguait à son successeur une responsabilité qui ne se peut comparer à aucune autre, peut-être, dans les fastes d'aucune maison souveraine.

» Le régent, dont j'omets ici volontairement de faire la part, et Louis XV, ne comprirent pas leur mission; l'esprit français ne méconnut pas moins la sienne. La royauté, la cour et la philosophie se rencontrèrent dans une commune dérogation de devoirs avant de se séparer pour une commune expiation. Toutefois ces grands rouages de notre ancienne splendeur ne s'arrêtèrent pas tout à coup, et le xviiie siècle, dont nous avions à peine franchi la première moitié, conservait encore quelque fidélité à ses devanciers.

» La guerre s'était faite vaillamment en Allemagne. La paix conclue à Vienne en 1735 avait assuré à la France les duchés de Lorraine et de Bar ; la maison de Bourbon, inattaquable en Espagne, s'agrandissait et se consolidait en Italie. Avignon et la Corse allaient compléter bientôt cette agglomération de territoire, qui compensa, du moins en avantages matériels, tout ce que nous devions perdre, sous le ministère d'Aiguillon, en prépondérance politique et morale.

» L'amour de la science et des lettres se révélait encore de distance en distance par de durables monuments. L'École militaire était instituée à côté de l'hôtel des Invalides. Le Jardin des plantes, fondé par Louis XIII, était restauré par Louis XV et passait de la direction exclusive du premier médecin de la cour dans le splendide domaine du ministère de la maison du roi. Les écoles de sculpture et de peinture recevaient, en 1740, le premier encouragement d'une exposition publique au Louvre. La fabrique de porcelaine de Sèvres se voyait élevée au rang des manufactures royales. Cassini dressait ses magnifiques cartes topographiques. Enfin le roi achetait, sur sa cassette,

du chirurgien Brassart, le secret de l'agaric de chêne, auquel
la nature donne la propriété d'arrêter sans ligature les hé-

Manufacture de Sèvres.

morragies, et rendait ainsi à la chirurgie militaire un service
dont l'humanité devra demeurer éternellement reconnaissante.

» On voit que je ne me suis pas trop écarté de mon sujet,

puisque nous voici tout naturellement revenus de Versailles
dans le réduit de notre jeune officier de santé. Ces encouragements tombés directement sur sa science favorite ne le stimu-
lèrent pas seuls; le patriotisme prit en même temps un noble
rôle dans ses préoccupations.

» Dire que la France se maintenait encore dans ses antiques
voies de prospérité et d'accroissement, c'est dire du même
coup que son émule, l'Angleterre, épiait l'occasion de l'en
faire descendre.

» Le démêlé éclata en 1756, pour la possession lointaine de
quelques terrains incultes dans l'Acadie ; contestation en appa-
rence insignifiante, derrière laquelle l'Angleterre déguisait mal
la convoitise du Canada et l'hostilité permanente à notre agran-
dissement colonial.

» Le 9 juin, Louis XV déclara la guerre à Georges II, et
publia un manifeste dans lequel sont relevées les déprédations
anglaises sur nos possessions américaines.

» Peu après, le maréchal de Richelieu part des îles d'Hyères
avec douze mille hommes embarqués sur une escadre de douze
vaisseaux de ligne, commandée par l'amiral de la Galissonnière.

» L'électorat de Hanovre était devenu, depuis la révolution
de 1688, un des points vulnérables de la puissance anglaise ;
en même temps que le maréchal de Richelieu s'emparait de
Port-Mahon et que M. de la Galissonnière battait l'escadre
anglaise, sous les ordres de l'amiral Brig, une expédition con-
tinentale, sous le commandement du maréchal d'Estrées, for-
çait le duc de Cumberland à capituler sous les murs de Closter-
Seven.

» C'est à cette campagne, connue sous le nom d'expédition
de Hanovre, que s'adjoignit avec enthousiasme Parmentier,
âgé de vingt ans.

» Il s'attacha aux hôpitaux de l'armée. Son activité, son
intelligence, son ardeur pour les devoirs de son état attirèrent

Jardin des Plantes.

l'attention de plusieurs officiers et notamment celle de Bayen, chef du service des ambulances. Cette première amitié lui valut la bienveillance de Chamousset, intendant général des hospices militaires. Grâce à ces appuis, grâce surtout à son mérite personnel que ses protecteurs mirent en lumière, Parmentier devint promptement pharmacien en second du corps expéditionnaire de Hanovre.

» Une épidémie, qui, sur ces entrefaites, ravagea l'armée, révéla en lui, par d'admirables traits de dévouement et d'oubli de soi-même, cet ardent amour de l'humanité qui, à partir de ce moment, devint sa vertu distinctive. Il ne s'épargnait pas plus sur les champs de bataille que dans les ambulances ; partout où se trouvait un blessé à soulager, on le voyait accourir.

» Il tomba ainsi cinq fois entre les mains de l'ennemi. Les quatre premières fois, il trouva moyen de rentrer presque aussitôt dans le camp où le rappelaient l'utilité publique et le cri du soldat ; mais la cinquième fois, sa captivité fut de longue durée (1). Cet intervalle d'inaction forcée ne fut pas d'ailleurs perdu pour l'étude. La chimie était florissante dans les académies allemandes. Parmentier s'y adonna sous la direction de Meyer, célèbre chimiste de Francfort-sur-le-Mein. Bientôt ce savant s'attacha à lui comme à un compatriote, parce qu'il lui reconnut ces qualités de l'âme qui n'ont point de patrie : il lui offrit de devenir son successeur et son gendre.... Mais la condition de ces biens était de renoncer à la France, et le patriotisme parla plus haut dans le cœur de Parmentier que toutes les séductions qui se trouvaient réunies à un si haut point cependant dans cette offre honorable et affectueuse. »

(1) Parmentier eut occasion de subordonner ainsi à plusieurs reprises son intérêt particulier, et, ce qui avait encore plus d'empire sur lui, son amour pour la science, à son généreux attachement pour la France ; notamment lorsque, quelques années plus tard, d'Alembert voulut le présenter au roi de Prusse pour remplacer Margraff.

III

De retour à Paris, Parmentier, sans position officielle, flottait indécis entre la nécessité d'assurer sa position en embrassant, soit la carrière médicale, soit la pharmacie, et la crainte d'enchaîner sa liberté de façon à ne plus pouvoir se livrer qu'incidemment à ses études scientifiques. Il déplorait peut-être au fond du cœur, mais toutefois sans regret, que ses intérêts et ses devoirs de Français n'eussent pu se mettre d'accord et lui permettre d'accepter les offres si séduisantes de Meyer. Quoi qu'il en soit, il hésitait, lui si résolu d'ordinaire, à prendre une décision, lorsqu'une circonstance fortuite vint mettre un terme à ses incertitudes. Une charge nouvelle, celle de pharmacien de l'hôtel des Invalides, fut créée par ordre ministériel et mise au concours.

Parmentier se présenta et fut reçu à l'unanimité. Les émoluments n'étaient pas considérables — 1,200 livres par an ; — mais logé à l'Hôtel, disposant d'un local dont il ne tiendrait qu'à lui de faire un laboratoire modèle, et placé, par son emploi même, à un des premiers rangs du personnel militant de la science médicale et pharmaceutique, Parmentier, dont les goûts étaient aussi modestes que ses besoins étaient bornés, s'estimait d'autant plus heureux que ce chevaleresque esprit militaire dont il avait hérité de son père allait trouver là un perpétuel aliment : fils de soldat, presque soldat lui-même et ami dévoué des soldats, c'était auprès des vieux et nobles débris de nos armées qu'il allait vivre ; c'est à soulager les souffrances de ces braves défenseurs de la patrie, à consoler,

à adoucir leurs derniers jours, qu'il allait consacrer ses connaissances et son dévouement!

Hôtel des Invalides.

Il y avait certes là de quoi satisfaire une âme moins
noble et moins désintéressée que celle de Parmentier.

Mais entre la coupe et les lèvres, il ne faut, dit le proverbe, qu'une seconde pour qu'un abîme puisse se creuser.

Dans cette circonstance, où tout souriait à ses désirs et à ses goûts, Parmentier fit la triste expérience de la vérité de ce vieux dicton.

Une opposition, fort légitime, d'ailleurs, fut faite à son installation aux Invalides. En créant l'emploi dont le mérite de Parmentier avait rendu celui-ci titulaire, le ministre n'avait oublié qu'un détail : il ne s'était pas enquis du droit qu'il pouvait avoir de modifier, sous le rapport de la pharmacie, le service médical des Invalides.

Or, en fondant ce royal asile destiné à servir de retraite aux braves mutilés de nos armées, Louis XIV, par un article spécial du règlement dicté par lui, a expressément stipulé que le service de la pharmacie serait uniquement confié aux Sœurs de Charité, chargées des soins de l'infirmerie.

Les dignes Sœurs tenaient, on le conçoit, à conserver un aussi honorable privilège, et leurs réclamations furent d'autant mieux entendues que Parmentier, plein de respect pour leur caractère religieux, de vénération pour leur abnégation et leur dévouement, et de confiance dans leur prudente expérience, fut le premier à leur donner raison et à regretter la malheureuse compétition qu'à son insu il avait élevée contre les droits acquis de ces saintes religieuses.

Mais comme un décret royal était intervenu dans l'affaire, il ne dépendait plus ni de sa volonté, ni de celle même du ministre de revenir sur la décision prise ; il fallait soumettre la difficulté au roi.

Louis XVI avait trop de respect pour les volontés de son grand aïeul et trop de soucis de droits acquis, tels que ceux qui étaient ici en question, pour ne pas donner gain de cause aux dignes servantes des pauvres et des malades. L'administration de l'infirmerie et la gestion de la pharmacie leur furent exclusivement conservées ; toutefois Louis XVI, par un de ces

mouvements spontanés du cœur dont il était coutumier, ne
voulut pas priver le savant, dont il appréciait le mérite en

LOUIS XVI

même temps qu'il entrait dans ses vues philanthropiques,
d'une position qu'il savait lui être nécessaire. Il lui conserva,
avec son titre et son appartement aux Invalides, son traite-

ment, à toucher, non plus sur les fonds de l'Etat, mais sur sa cassette.

Parmentier avait le sentiment trop profond des services que cette apparente sinécure lui permettrait de rendre à la science et à l'humanité pour en faire une question d'amour-propre et la refuser. Il l'accepta, au contraire, avec reconnaissance et empressement. Et en cela il fut bien inspiré ; car, ainsi que le fait observer M. de Falloux, ce fut à la liberté d'esprit et aux loisirs que lui ménagea cet emploi purement nominal que nous devons la véritable vocation de Parmentier, qui, libre ainsi de toutes fonctions publiques, put se livrer pleinement aux suggestions de sa généreuse nature.

IV

La pomme de terre n'est pas la seule plante nourricière de l'humanité que nous ait donnée l'Amérique ; nous lui devons aussi le maïs ; et, comme si Parmentier avait tenu à attacher son nom à ces deux présents faits par le Nouveau-Monde à l'Ancien, c'est à lui que l'on doit le rapport le plus complet, le plus concluant qui ait été fait, en France du moins, sur cette précieuse céréale.

Toutefois, il n'eut pas à lutter ici contre les préventions et les préjugés qui, systématiquement, repoussaient la pomme de terre. Le maïs avait été généralement accueilli avec empressement, et sa culture, répandue presque dès l'origine de la découverte de l'Amérique, en Afrique et en Asie, de façon à faire croire que cette plante était indigène de ces contrées, s'était alors étendue dans la partie orientale de l'Europe et dans certaines contrées du Midi et du centre de la France, pour y former une des bases principales de l'alimentation publique.

Cette différence dans l'accueil fait à la pomme de terre et au maïs s'explique par la nature même de ces deux végétaux.

Tandis, en effet, que le tubercule du premier présentait, sous une forme entièrement nouvelle, un aliment tout à fait inconnu aux Européens et, par suite, destiné à être dénigré par l'esprit de routine, le second constituait simplement une nouvelle espèce de céréale, assimilable comme caractères généraux et comme emploi à tous les autres grains alimentaires en usage.

Dans le mémoire que rédigea Parmentier sur ce *blé américain* déjà acclimaté et apprécié dans presque toutes les régions de l'ancien continent, il ne s'agissait plus de réhabiliter une plante méconnue et calomniée, mais simplement de constater, au point de vue scientifique, agronomique et économique, ses propriétés, ses avantages et ses modes d'emploi.

Cette triple question avait été mise au concours par l'Académie des sciences de Bordeaux. Ce corps savant était d'autant plus intéressé à sa solution que la Guyenne était alors et est encore aujourd'hui, croyons-nous, avec la Bourgogne et le Béarn, la patrie adoptive française par excellence du maïs.

Parmentier examina ce grave sujet sous toutes ses faces, et il le traita à la fois en savant, en agronome, en économiste.

Allant bien au delà du programme formulé par l'Académie de Bordeaux, il fit de son mémoire le traité le plus complet qui ait jamais été fait sur un végétal utile, sur son origine, sa nature, son acclimatation et ses usages.

Nos lecteurs pourront juger du mérite et de l'intérêt de cette étude, à la fois théorique et pratique, par le long extrait que nous en donnons plus loin.

Nous ajouterons seulement ici que ce rapport mérite toute l'attention des agronomes et des économistes.

Il est évidemment incontestable que depuis la fin du xviiie siècle et le commencement du xixe, époque où écrivait notre savant, l'agriculture a été en France presque entièrement transformée. Une aisance et un bien-être relatifs ont remplacé en beaucoup d'endroits l'état misérable dépeint par lui.

Toutefois cette amélioration, quelque générale qu'elle paraisse à l'habitant des villes, qui ne voit que les campagnes environnantes, est loin d'être universelle.

Le centre de la France a encore de vastes contrées où les ajoncs et les bruyères occupent plus de place que les terres cultivées et où le paysan est loin de vivre dans l'aisance ; les montagnes du Midi, avec leurs rochers basaltiques et leurs causses aux maigres cultures de seigle et d'avoine, ne fournissent qu'à grand'peine la subsistance de leurs habitants. Le Cévenol souffre de la faim quand la châtaigne manque, et s'il n'en meurt pas tout à fait, c'est grâce à la culture de la pomme de terre.

L'honneur et le mérite en reviennent donc à Parmentier ; mais combien plus son nom aurait droit à être béni dans ces âpres contrées si à ce premier bienfait venait s'ajouter celui de l'introduction d'une plante telle que le maïs, par exemple, que, forts de son nom et de son autorité en agronomie, quelques propriétaires intelligents du pays parviendraient à y faire apprécier et cultiver.

Si des Cévennes, de la Lozère et plus au midi des Hautes et des Basses-Alpes, nous remontons vers le nord-ouest de la France, la Bretagne nous offrira le spectacle de vastes landes au milieu desquelles quelques parcelles de terrain disputées à la stérilité générale sont semées de sarrasin, dont le grain, qui, au dire de Parmentier « contient tant de son et si peu de farine, » nourrit mal ceux qui le cultivent littéralement « à la sueur de leur front ! »

Là encore, et peut-être là plus qu'ailleurs, le lumineux

mémoire de Parmentier sur le maïs devrait être connu et ses conseils appliqués.

Il y a dans le caractère et les travaux des hommes tels que celui dont nous avons entrepris de faire connaître le mérite, une grandeur souveraine qui leur est particulière ; c'est que leur œuvre leur survit, qu'elle se continue et se complète après eux, de manière qu'après avoir été les bienfaiteurs de leurs contemporains pendant leur vie et avoir doté l'humanité de dons précieux, ils restent encore utiles aux générations à venir.

C'est ainsi, par exemple, qu'Olivier de Serres est encore aujourd'hui le maître par excellence de l'art agronomique en France, et que les appréciations et les conseils de Parmentier, touchant les plantes alimentaires, font et feront toujours autorité.

V

Le nom d'Olivier de Serres, que nous venons d'écrire, nous rappelle un des plus importants services rendus par Parmentier à l'agriculture française.

Nous voulons parler de la belle édition du *Théâtre d'agriculture*, publiée par lui, en 1804.

Cette édition, qu'avaient en quelque sorte rendue nécessaire ses propres travaux en agronomie, et surtout le soin qu'il prenait de citer à toute occasion le *bon mesnager de Pradel* comme son guide et son maître, contient un grand nombre de notes très claires, très pratiques qu'il y a ajoutées, de manière à approprier l'œuvre d'Olivier de Serres au temps où lui-même écrivait.

Ce serait assurément l'édition la plus parfaite du *Théâtre d'agriculture* et par conséquent celle qui aurait dû être la plus répandue, si son format, deux gros volumes in-4°, n'en faisait exclusivement un ouvrage de bibliothèque, et si de plus une étude, d'ailleurs fort intéressante sur l'histoire de l'agriculture au xvi° siècle qui n'est pas de Parmentier, mais que celui-ci a eu le tort, selon nous, de placer en manière d'introduction en tête de l'ouvrage, ne contenait des attaques passionnées, violentes, et généralement exagérées et injustes, contre l'état social qui, en France, a précédé la révolution de 1789.

L'enchaînement d'idées et de faits nous a conduit à parler du *Théâtre d'agriculture* à la suite du rapport sur le maïs.

Cet enchaînement nous ayant fait contrevenir à l'ordre chronologique des faits que nous avons à raconter, nous prions nos lecteurs de remonter avec nous de trente ans en arrière, c'est-à-dire de revenir au moment où le mémoire de Parmentier sur le maïs était couronné par l'Académie des sciences de Bordeaux (1774).

Déjà, deux ans auparavant, notre jeune savant, qui, disciple assidu des frères Rouelle pour la chimie, et du célèbre abbé Nollet pour la physique, profitait en outre des loisirs que lui créait son emploi sans attributions aux Invalides, pour suivre les herborisations de Bernard de Jussieu, avait attiré sur lui l'attention du monde savant et du monde administratif, en traitant, avec une compétence et une autorité qui semblaient donner un démenti à son âge, un sujet mis au concours par l'Académie de Besançon.

Ce sujet, que mettaient en quelque sorte à l'ordre du jour les grandes disettes qui, simultanément et successivement, avaient frappé les principaux États de l'Europe, était ainsi formulé :

Rechercher des végétaux dont, en temps de disette, on puisse faire usage pour la nourriture de l'homme.

Les recherches de Parmentier avaient, à cet égard, précédé de beaucoup la publication de ce programme. Il prend donc incon-

tinent la plume, « et, avec un talent et une autorité indiscutables, il démontre qu'une foule de plantes, que l'on n'a
jamais songé à utiliser, contiennent un principe nutritif plus ou

OLIVIER DE SERRES

moins abondant et facile à extraire.... Ce Mémoire d'une
clarté lumineuse produisit en France et en Europe une sensation prcfonde. »

La renommée qu'il valut au jeune savant, la satisfaction que celui-ci éprouva en constatant qu'il venait d'ouvrir une nouvelle voie à ce que nous appelons aujourd'hui les applications de la science aux progrès de l'économie domestique, le portèrent à se créer *la spécialité* — encore un terme tout récent, du moins dans l'application que nous lui donnons — qui devait rendre ses travaux si essentiellement utiles et son nom si populaire : l'étude et la vulgarisation des plantes utiles à l'humanité, « non plus seulement au point de vue de l'alimentation ou du bien-être des hommes, mais à celui de leur agrément et de leur plaisir. »

Pour cela, il fallait, si l'on peut ainsi parler, doubler le savant de l'agronome.

En effet, il ne s'agissait plus seulement d'analyser et de faire connaître les qualités diverses des végétaux à utiliser, il fallait déterminer les conditions dans lesquelles ils pouvaient être acclimatés ou même simplement cultivés, et indiquer les différents modes de préparation et d'emploi dont ils étaient susceptibles.

Si l'on se souvient des premières années de la vie de Parmentier, de son éducation tout à fait en dehors du mouvement et des occupations de la vie des champs, de son séjour dans les camps où toutes ses pensées, tous ses soins étaient tournés d'un tout autre côté que les travaux agricoles, et ensuite, à Paris, de ces cours multiples de sciences mathématiques et naturelles, dont il semblait qu'il ne dut lui être possible que bien plus tard de faire une application utile, on se sent surpris et émerveillé de la facilité avec laquelle on le voit passer, à cette époque, non pas seulement des généralités de la science à leur adaptation à la branche la plus ancienne et la plus importante de l'industrie humaine, l'art agricole, mais à la pratique même de « ce labourage et de ce pâturage qui, au dire de Sully, sont les mamelles de la terre. »

Nous-même, nous nous en montrerions étonné si nous ne

saviens qu'en même temps qu'il puisait avec ardeur aux meilleures sources de l'enseignement scientifique de son

BERNARD DE JUSSIEU

époque, il nourrissait son esprit, avec une sorte de passion, de la lecture du *Théâtre d'agriculture* d'Olivier de Serres, de ce code sans rival de la vie des champs qu'il devait plus tard si puissamment contribuer à populariser, en substituant le français moderne au vieux et naïf langage du seigneur de Pradel, et en ajoutant à ses conseils, sous forme de notes, les remarques et les modifications que le temps et sa propre expérience avaient rendues nécessaires.

Ces explications étaient indispensables pour faire comprendre au lecteur par quel enchaînement d'idées et de circonstances l'éminent chimiste, l'habile praticien que nous lui avons présenté, se trouva amené à réunir, à concentrer tous ses efforts dans la vulgarisation de la modeste mais si utile plante qui devait, pendant un moment, porter son nom.

L'usage de la pomme de terre est aujourd'hui si répandu, si indispensable même, qu'on se demande comment nos pères pouvaient y suppléer.

Nous avouons, pour notre propre compte, que c'est, de tous nos produits alimentaires, celui dont il nous serait le plus difficile de nous passer.

Et cependant, il y a à peine un siècle que son usage a commencé à se répandre en France !

Laissons à Parmentier le soin de nous raconter et l'origine du précieux tubercule et les obstacles que rencontra chez nous son introduction comme plante alimentaire.

VI

« Dans la multitude innombrable de plantes que la nature fait croître pour fournir à nos besoins réels — multitude dont une bien faible partie seulement nous est connue ou du moins est utilisée par nous, — il n'en existe point, dit-il, après le froment, le riz, le seigle et le maïs, de plus utile que celle qui fait l'objet de ce traité, sous quelque point de vue qu'on l'envisage (1).

» Sa culture ne contrarie en rien les travaux ordinaires de la

SULLY

campagne ; elle se plante après toutes les semailles, et sa récolte termine toutes les moissons.

(1) Parmentier ne parle ici que des céréales d'Europe. L'Afrique a en plus le *doura* et le *telf*.

» Apportée de l'Amérique septentrionale par sir Walter Raleigh, qui découvrit et prit possession de la Virginie sous le règne d'Elisabeth, la pomme de terre s'est naturalisée si parfaitement parmi nous et partout où on l'a cultivée, qu'on la croirait appartenir à l'univers entier.

» Les Irlandais la cultivèrent d'abord dans les jardins par pure curiosité, et ce ne fut guère qu'au commencement de ce siècle (le xviiie siècle) qu'ils essayèrent de faire entrer dans leur alimentation le précieux tubercule.

» De là, elle passa bientôt en Angleterre, en Allemagne et en France, où elle est maintenant aussi vigoureuse que dans sa première patrie (1).

» Elle se plaît dans tous les climats, excepté dans les régions tropicales, où, dès la deuxième année de culture, elle devient aqueuse et sucrée, de façon à être aisément confondue avec la patate.

» La plupart des terrains et des expositions lui conviennent; elle ne craint ni la grêle, ni la coulure, ni les autres accidents qui anéantissent en un clin d'œil le produit de nos moissons; enfin, c'est incontestablement, de toutes les productions des deux Indes, celle dont l'Europe doit bénir le plus l'acquisi-

---

(1) Et où, grâce aux nombreuses variétés créées par les agronomes, elle n'est plus ce qu'elle était dans le principe « un légume de saison, » c'est-à-dire dont l'usage ne s'étendait guère que de juin en juillet pour les primeurs (ce qu'on appelle les pommes de terre nouvelles), et pour les pommes de terre de conserve jusqu'en janvier ou février au plus tard, époque où, à l'approche du mouvement général de la terre, elle germait, se ramollissait et prenait une saveur à la fois sucrée et qui eût suffi à en faire abandonner l'usage même par les gens les moins délicats, alors même que cet usage n'eût été réputé malsain, et dans une certaine mesure même dangereux, comme du reste celui de toute substance végétale ou animale en voie de décomposition.

Aujourd'hui cette interruption forcée dans l'usage de la pomme de terre — interruption mentionnée par Parmentier lui-même — n'existe plus. La série de pommes de terre hâtives, ordinaires et tardives est combinée de telle sorte, que les dernières de l'année sont parfaitement conservées quand arrivent les nouvelles.

tion, puisqu'elle n'a coûté ni crimes, ni larmes à l'humanité.

» Quand on réfléchit que la plus grande fertilité du sol et toute l'industrie des hommes ne sauraient mettre le meilleur pays à l'abri des disettes ; que les années les moins riches en blé sont extrêmement abondantes en pommes de terre, et *vice versa ;* que ces racines qui se développent avec sûreté dans le sein de la terre peuvent devenir un remède contre les renchérissements momentanés des grains que les intempéries des saisons ravagent à la surface, et donnent, sans aucun apprêt, une nourriture aussi commode que salutaire, on a droit d'être étonné de l'indifférence, de la répugnance même qui ont accueilli le bienfait de cette nouvelle et précieuse culture.

» Qui peut douter qu'il existe des contrées dont le sol est assez ingrat pour ne pouvoir produire que peu de grains et où cependant les habitants sont dans l'aisance.

» Voulez-vous avoir le secret de ce bien-être? Ils cultivent beaucoup de pommes de terre ; elles forment d'abord une des bases principales de leur alimentation ; avec le reste, ils engraissent une quantité de porcs dont quelques-uns sont destinés à leur consommation, et dont le surplus est vendu de façon à faire face au paiement de l'impôt et à l'acquisition des objets manufacturés et autres que la terre ne fournit pas.

» Et ainsi, bien vêtus et jouissant d'une aisance relative, ils ne doivent rien ni à leurs propriétaires, ni aux contributions, et peuvent même réaliser cette ambition heureuse de la plupart des Français et surtout des paysans, qui consiste à augmenter petit à petit son bien, si on en possède, et si l'on n'a rien, à créer le noyau d'une petite propriété que les enfants plus tard augmenteront (1).

(1) Nous croyons devoir faire ressortir ici la tendance heureuse qui pousse les Français à l'épargne. Les statistiques officielles démontrent que chez nous on compte en moyenne quarante-trois individus sur cent

» En vain se refuserait-on aujourd'hui à l'adoption de la pomme de terre, sous le prétexte de la mauvaise qualité du sol. Le succès de l'expérience en grand dans la plaine des Sablons et dans celle de Grenelle, aux portes de la capitale, est une preuve sans réplique qu'il n'y a point de terrains, quelque arides qu'on les suppose, qui, avec du travail, ne puissent convenir à cette culture, et surtout point de végétal plus propre à commencer des défrichements, à vivifier des terrains que la charrue ne sillonna jamais et qui rapporteraient à peine en grains la semence qu'on y a jetée.

» Combien de landes ou de bruyères, autour desquelles végètent tristement plusieurs familles, seraient en état de leur procurer une large et saine existence, ainsi qu'à beaucoup de nos concitoyens toujours aux prises avec la nécessité, et qui trop souvent n'ont d'autres ressources pour vivre que le lait d'une vache ou d'une chèvre et un peu de mauvais pain.

» Pourquoi même dans les bons fonds n'accorderaient-ils pas également aux pommes de terre le même degré de considération qu'aux semences légumineuses et aux autres plantes potagères, surtout lorsqu'il est démontré qu'ils peuvent aller dans leurs champs déterrer ces racines à onze heures et avoir à midi une nourriture comparable au pain. Enfin, c'est l'aliment le plus simple pour l'homme, et le meilleur élément d'engraissement pour le bétail.

» Ah ! s'il était possible de pénétrer de ces vérités consolantes les habitants des campagnes et de leur persuader que la pomme de terre peut servir à la fois dans la boulangerie, dans la cuisine et dans la basse-cour, on les verrait sans nul doute bêcher aussitôt le coin d'un jardin ou d'un verger qui leur rapportait au plus un boisseau de haricots ou de pois, pour y planter ces tubercules qui fourniraient une subsistance

qui font des économies. En Angleterre, cette moyenne n'est que de sept. Ces deux chiffres représentent le maximum et le minimum de l'épargne dans les différents pays de l'Europe.

assurée pendant la saison la plus morte de l'année ; on verrait
les cultivateurs intelligents et laborieux obtenir d'une petite
étendue du terrain le plus médiocre de quoi faire vivre leur
famille jusqu'au retour de l'abondance ; on verrait le vigneron,
dont le sort est presque toujours digne de compassion, au lieu
de se nourrir d'un pain grossier composé d'orge, de sarrasin
et de criblures, où l'ivraie domine — heureux encore quand
ils en ont leur suffisance, — on les verrait mettre aux pieds de
leurs vignes des pommes de terre, et se ménager ainsi un
aliment qui supplée à tous les autres et peut les remplacer de
la manière la plus complète dans les occasions de disette.... »

Nous ne suivrons pas plus longtemps Parmentier dans son
panégyrique de la pomme de terre, et nous nous abstien-
drons d'entrer dans le détail des directions qu'il donne sur sa
culture et ses divers emplois.

Cette plante est trop connue ; on en fait un trop grand
usage pour qu'il soit intéressant et utile d'arrêter plus longtemps notre attention sur elle. Si même nous avons cru devoir
reproduire les extraits précédents du volume in-8° publié par
Parmentier à son sujet, ç'a été bien plus pour faire apprécier,
d'une part les difficultés rencontrées par son savant vulgarisateur, et, d'autre part, grâce au tableau des maux auxquels
cette vulgarisation a porté remède, l'étendue du service
rendu par lui.

Toutefois, persuadé que la lecture de ce traité ne serait pas
sans utilité pour les agriculteurs de notre époque, nous esti-
mons qu'une édition populaire de ce travail, dans laquelle on
supprimerait un certain nombre de détails et de faits devenus
superflus, serait un excellent petit livre à placer dans les
bibliothèques communales.

VII

Ce que Parmentier oublie de mentionner dans son ouvrage, ou du moins ce qu'il ne mentionne que très succinctement, c'est la peine qu'il dut prendre ; ce sont les démarches et les instances de toutes sortes qu'il fut obligé de faire pour arriver à triompher du préjugé qui, de toutes parts, battait en brèche ses efforts.

Nous allons réparer cette lacune ; mais auparavant, nous tenons à faire connaître une des causes qui, en Angleterre du moins, où fut d'abord apportée la plante américaine, contribua, dès le principe, à en faire méconnaître le bienfait.

Sir Walter Raleigh, émerveillé des qualités de « ce pain que la nature faisait croître tout préparé au sein de la terre, » joignit à un des premiers envois qu'il fit à un des plus hauts personnages de la cour d'Elisabeth, des produits de son gouvernement dans le Nouveau-Monde, une certaine quantité des précieux tubercules, dont il montait jusqu'aux nues les principes nourrissants et l'extrême facilité à se prêter à toute espèce de préparations culinaires. Dans cet exposé, Raleigh n'omettait qu'un point, mais un point très essentiel : il n'indiquait pas la partie de la plante à utiliser.

Le ministre, qui savait que sir Walter était fort versé dans l'art de bien vivre, ne douta pas un instant du mérite d'un aliment vanté par un appréciateur aussi expérimenté.

Les précieuses racines, soigneusement déballées sous ses yeux, furent remises et recommandées très expressément au premier jardinier des demeures royales.

On leur attribua un terrain de choix, et leur végétation fut surveillée avec la plus attentive sollicitude.

La plante exotique pousse et se développe à souhait ; bientôt des fleurs couronnent ses principales tiges, et à côté de ses fleurs se forment des boules vertes que l'on estime être son fruit ; et, comme fleurs et fruits — ces derniers bien peu nombreux, ce qu'on attribue à la différence du climat — se produisent juste dans le délai que le chevalier Raleigh a indiqué comme nécessaire à amener la plante à l'état où elle peut être mangée, on fait appel au savoir-faire des cuisiniers les plus habiles.

Dans son impatience de faire les honneurs du végétal américain, le ministre ne songe pas même à soumettre celui-ci à une épreuve préalable. Il lance ses invitations, et c'est sur une table entourée de tout ce que la cour compte de plus hauts personnages que la pomme de terre fait, comme mets, sa première apparition en Europe.

Conformément à ce qu'a mandé sir Walter Raleigh, on l'a préparée de façons diverses : en potage, en garniture aux viandes les plus délicates, en purée ; on en a mis à rôtir au four et d'autres à frire dans le beurre ; enfin, la partie la plus tendre du feuillage a été accommodée à la façon des épinards.

Les condiments les plus variés, les épices les plus recherchées, les jus, les coulis les plus exquis ont été prodigués, et tout cela, hélas ! en pure perte.

Malgré tout leur désir de répondre à l'attente de leur amphitryon en faisant honneur au festin, les convives du tout puissant ministre ne parviennent pas à dissimuler leur étonnement, pour ne pas dire leur répugnance.

Décidément, sir Walter Raleigh a voulu ménager aux gourmets anglais une singulière mystification, ou, ce qui est plus probable, le végétal, doué en Amérique de tant de qualités, les a perdues en quittant le sol natal, et est devenu de ce côté de l'Atlantique le plus insipide des aliments.

Comme on avait fait grand bruit de ce festin de nature spéciale, tout le monde à Londres, et bien au delà de cette capitale, en attendait les résultats avec une vive curiosité. Il fallut donc bien avouer la déconvenue à laquelle avaient abouti tant de soins et d'espérances ; déconvenue que les envieux qui avaient brigué, sans l'obtenir, la faveur d'une invitation, ne manquèrent pas d'exagérer encore.

L'aventure fit tant de bruit, que beaucoup de gens qui n'avaient pas entendu parler de l'envoi de sir Walter Raleigh, n'apprirent le nom et l'existence de la pomme de terre que par les attaques et les quolibets dont la malheureuse plante devint l'objet.

Sir Walter, à qui l'affaire fut mandée, n'eut pas de peine, tant par ses lettres que par ses explications à son retour, à expliquer le malentendu : c'était le tubercule qu'il fallait accommoder et manger, et non la partie extérieure de la plante. Il semble que cette explication eût dû amener un second essai ; il n'en fut rien : la pauvre plante avait été condamnée par des gourmets émérites, et on sait que ce sont là des jugements infaillibles !

Quoi qu'il en soit, cet incident qui nous fait sourire maintenant, fut une des causes, et peut-être la principale cause des calomnies et des répugnances auxquelles la pomme de terre fut si longtemps en butte.

A l'Irlande revient l'honneur d'avoir réagi la première contre cet ostracisme que les diverses nations de l'Europe semblaient s'être légué contre la précieuse solanée.

Peut-être l'esprit d'opposition des habitants de la verte Erin à l'endroit de ce qui émane de sa rivale et dominatrice, entre-t-il pour beaucoup dans cette réaction, qui, ainsi considérée, prendrait le caractère d'une sorte de protestation nationale, et serait d'autant plus curieuse à observer que, par un courant contraire, on voit, dans la suite ; l'Angleterre demander à l'Irlande, pour les répandre sur tous les points de son territoire, ses méthodes de culture et le goût universel de ses habitants pour le tubercule américain.

Quoi qu'il en soit, et c'est Parmentier qui nous l'apprend, à l'époque où ils adoptèrent en grand la culture des pommes de terre, la plupart des Irlandais languissaient dans une extrême pauvreté par le défaut d'agriculture et de commerce ; « la santé et la vigueur surprenante qu'ils ont acquises en ne vivant pour ainsi dire une grande partie de l'année que de ces tubercules, démontrent évidemment qu'ils constituent un aliment aussi sain que nutritif. Nous devons ajouter qu'ils sont exempts de quantité de maladies dont d'autres peuples sont affligés et arrivent fréquemment à une extrême vieillesse.

» Une grande partie de la Lorraine, continue Parmentier, a adopté la même alimentation, et les villages de cette province sont peuplés de jeunes gens de haute taille et de la plus vigoureuse constitution. L'avidité avec laquelle les enfants se jettent sur cette plante de préférence à toute autre, prouve encore qu'elle est analogue à leur constitution.

» En un mot, c'est une nourriture essentiellement populaire, parce qu'elle exige peu d'assaisonnement pour devenir un aliment salutaire. »

VIII

C'étaient là des vérités surabondamment prouvées par des faits ; mais encore fallait-il les faire pénétrer dans des esprits plus surabondamment encore imbus de préjugés, — préjugés parmi lesquels nous devons citer celui qui imputait à l'innocent ou, pour parler plus juste, au bienfaisant tubercule, la propriété de donner la fièvre et, celle bien autrement irrémissible, si le reproche eût été fondé, d'engendrer la lèpre.

Ce fut là la tâche que s'imposa notre savant philanthrope ; et, ainsi que nous l'avons dit, il mit au service de cette œuvre de réhabilitation d'un végétal aussi utile qu'injustement repoussé tout le zèle, toute la ténacité, tout le don de persuasion dont il était doué.

Tout ce qu'on peut écrire et lire à ce sujet n'exprime qu'imparfaitement la somme d'efforts, d'énergie, et aussi, disons-le, d'habileté diplomatique et de connaissance du cœur humain qu'il dut dépenser.

Il faut avoir connu quelqu'un des témoins de cette œuvre de vulgarisation, que son complet succès nous porte à croire si simple et si facile, pour se faire une idée des difficultés réelles qu'elle rencontra.

Nous avons eu occasion d'en entendre à plusieurs reprises le récit par un vieillard qui avait rencontré Parmentier plusieurs fois chez le comte Chaptal, lorsque celui-ci était ministre de l'intérieur, c'est-à-dire bien après que la cause de la pomme de terre semblait définitivement gagnée.

Eh bien, à ce moment encore, dans beaucoup de nos provinces, ce tubercule était systématiquement repoussé par une foule de personnes. Aussi bien dans les villes que dans les campagnes, il n'y avait guère que les enfants et les jeunes gens qui consentissent à en faire usage. Les vieillards et les hommes dans la maturité de l'âge prétendaient, quand on les décidait à y goûter, en être aussitôt incommodés. Et si grand était le parti pris à cet égard, qu'au lieu d'être reconnaissant envers Parmentier, il ne s'en fallait guère qu'on ne le traitât d'empoisonneur public.

Aux yeux de bien des gens, Parmentier était une sorte de maniaque qui, considérant la pomme de terre comme une panacée universelle destinée à pourvoir à tous les besoins, à prévenir tous les maux, prétendait généraliser sa culture et la

substituer à celle de toutes les autres plantes alimentaires en
usage, jusques et y compris le blé.

CHAPTAL

Cette opinion était si bien accréditée, surtout dans les
classes laborieuses des villes, qu'un jour, où on allait au
scrutin dans une assemblée populaire pour des fonctions aux-

quelles l'estime publique semblait vouloir porter Parmentier,
« Ne le nommons pas, s'écria un orateur de faubourg ; il ne
nous ferait manger que des pommes de terre ; c'est lui qui *les a
inventées !* »

Et, qui pourrait le croire maintenant, cette étrange cause
d'exclusion fut ratifiée presque à l'unanimité : la candidature de
l'*inventeur* des pommes de terre, de celui que pour la même
cause on devait acclamer plus tard, à qui on devait élever des
statues, fut repoussée !

Enfin — et ceci paraîtrait ce qu'on appelle *un comble* et
ferait sourire comme impossible si l'imprimerie n'en avait
formulé et conservé le texte indélébile, — on lit dans la
fameuse *Encyclopédie,* organe des savants et des économistes
les plus célèbres de la fin du xviii° siècle, les lignes suivantes :
« *Cette racine,* de quelque manière qu'on l'apprête, est toujours dangereuse et fade ; *on ne pourra jamais la compter
au nombre des aliments agréables !* »

Parmentier, on le voit, comptait des adversaires déclarés
dans toutes les classes sociales.

Quant à des partisans et des appuis, au point de vue bien
entendu du jugement favorable au tubercule américain, il n'en
avait rencontré que nous sachions ni dans les corps savants,
ni parmi les grands personnages de l'époque, ni dans le
peuple, lorsque l'appui inattendu de Turgot, alors au pouvoir,
vint mettre à sa portée des moyens d'action qui semblaient
devoir toujours lui faire défaut.

IX

Après plusieurs essais concluants faits en province, Parmentier put, grâce aux facilités que lui fit obtenir le puissant ministre, transporter aux portes mêmes de Paris, c'est-à-dire en pleine lumière, le champ de ses expériences.

Trente hectares de terres incultes, pris au hasard dans la vaste plaine des Sablons, furent mis à sa disposition par le gouvernement. Il y planta son cher tubercule sans engrais, et malgré les circonstances les plus défavorables, la végétation et le rendement des pommes de terre furent magnifiques.

Dès que les fleurs de la nouvelle plante commencèrent à se développer, Parmentier, qui, ainsi que nous avons eu occasion de le dire, tout en étudiant la nature, n'avait négligé aucune des occasions qui lui avaient été offertes d'observer le cœur humain et d'analyser les mobiles qui le font généralement agir, demanda audience au roi et lui en offrit un bouquet, en le suppliant d'en porter quelques brins à sa boutonnière, à l'occasion d'une cérémonie solennelle qui devait avoir lieu ce jour-là.

Louis XVI promit de satisfaire ce désir, et il tint parole. Il n'en fallut pas davantage. Tous les courtisans tinrent à honneur de se parer de la fleur ainsi patronnée par le souverain, et il n'y en eut aucun qui ne s'empressât de se proclamer le Mécène de Parmentier. Toutefois on consentait à patronner la culture de la pomme de terre ; mais les propagateurs même les plus ardents de cette culture se refusaient encore très obstinément à admettre le tubercule, tout honoré qu'il fût de la faveur royale, sur leurs tables.

Ce pouvait être un végétal très propre à l'engraissement du

bétail, voire même à servir d'aliment aux classes populaires, si les céréales venaient à manquer ; mais tout homme qui n'y était pas forcé par la nécessité, ne pouvait songer à en faire usage !

A la suite d'un second essai fait par l'infatigable savant dans la plaine de Grenelle et du Mémoire détaillé qu'il publia sur ces deux épreuves, les préventions des habitants de Paris commencèrent à s'ébranler.

Une fois encore Parmentier eut recours à une sorte de ruse diplomatique. Feignant une grande sollicitude pour sa plantation, quand le temps de la récolte approcha, il obtint du lieutenant de police que des gendarmes fussent, pendant le jour, préposés à la garde de ses champs.

— Mais on vous volera pendant la nuit, lui fit-on observer.

— J'y compte bien, répondit-il.

Son calcul est exact ; et quand, « par suite de l'attrait toujours si puissant du fruit défendu, des tubercules sont nuitamment arrachés, il va dans sa joie jusqu'à récompenser les gardiens qui, s'étant aperçus du méfait, viennent l'en prévenir.

» Et tout stupéfaits d'une générosité dont ils ne comprennent pas la cause, ceux-ci se demandent si le savant protecteur de la pomme de terre ne perd pas l'esprit. Mais Parmentier savait parfaitement ce qu'il faisait en provoquant ainsi la curiosité publique. »

La première récolte faite à Grenelle ayant donné des résultats magnifiques, Parmentier invita à un grand dîner de nombreux convives, parmi lesquels on cite Franklin, Lavoisier et plusieurs autres célébrités de ce temps.

Tout ce qui parut sur la table, depuis le potage jusqu'aux liqueurs, avait été fourni par le tubercule si calomnié. Dans ces agapes d'un nouveau genre, où l'agriculture, la chimie et l'art culinaire avaient réuni leurs efforts en faveur de la pomme de terre, celle-ci se présenta sous des formes si variées que les assistants en furent émerveillés.

Le banquet aux pommes de terre.

Les convives ne se bornèrent pas à des paroles : ils « témoignèrent leur contentement *par action* pendant le repas, dont ils firent ensuite un si grand éloge que Parmentier dut, non plus seulement pour répondre à la curiosité générale, mais pour donner satisfaction aux désirs gastronomiques mis en éveil, renouveler à plusieurs reprises ce premier banquet. »

L'épreuve cette fois fut décisive : la révolution agricole et économique qu'avait si patiemment préparée et poursuivie Parmentier était un fait accompli, bien que, ainsi que nous l'avons dit, tous les esprits fussent loin de lui être ralliés.

Ceci avait lieu en 1786, et c'est le centenaire de cette contrepartie si heureuse du banquet donné par lord Sackville, avec des résultats si diamétralement opposés, qui va être célébré prochainement en France.

Détail remarquable et touchant, c'est M. Chevreul, le doyen de nos savants, et le seul parmi eux et parmi ceux de toute l'Europe qui ait pu connaître personnellement Parmentier, ou du moins qui puisse se souvenir de lui, qui présidera cette cérémonie (1).

X

Depuis le moment de ce pacifique triomphe jusqu'à sa mort, Parmentier ne demeura étranger à aucune des grandes questions scientifiques, agronomiques et industrielles qui furent tour à tour traitées, et dont nous avons, pour la plupart du moins, donné le détail dans nos précédentes études sur les savants modernes.

(1) On sait que M. Chevreul accomplit sa centième année en août 1886.

Tant de services rendus joints à une bonté de cœur, à une générosité naturelle qu'avaient augmentés, au lieu de l'atténuer comme il arrive trop souvent, les difficultés de la vie, ne suffirent pas, au moment de nos luttes civiles, à soustraire l'éminent philanthrope aux suites de cette terrible loi des suspects qui fit tant de victimes.

Il s'en fallut peu que Parmentier allât, comme Lavoisier, expier sur l'échafaud les lumières qu'il avait répandues et les bienfaits qu'il avait prodigués autour de lui.

Il dut quitter Paris et se faire oublier pendant quelque temps, pour éviter d'être arrêté et mis en jugement.

Quand il y revint, le calme commençait à renaître dans le gouvernement et les esprits; bientôt même les travaux scientifiques reprirent leur cours avec un élan nouveau. Parmentier partagea sa vie entre ces travaux et les œuvres philanthropiques auxquelles on le trouvait toujours prêt à prendre part.

Il se multipliait pour faire le bien, et était, dans toute l'acception du mot, possédé de la passion de se rendre utile.

Les jeunes gens surtout qui se destinaient à l'étude des sciences trouvaient en lui un protecteur puissant, un ami dévoué qui les aidait de ses conseils, de son influence, de sa bourse même.

Avec des revenus très limités, Parmentier avait le secret de se montrer libéral. C'est que ses besoins personnels étaient très bornés. Fort sobre, menant une vie très retirée, il ne tenait à l'argent que pour faire par son moyen des heureux.

Tant que sa mère vécut, il fut pour elle le fils le plus tendre et le plus dévoué ; quand il l'eut perdue, il reporta sur ses sœurs et sur leurs enfants toutes ses affections familiales. Les années s'écoulèrent ainsi sans que, dans l'activité que ses occupations multiples imprimaient à sa vie, il éprouvât le besoin de se créer un foyer à lui.

Quand il y pensa, la vieillesse arrivait, et il estima qu'il était trop tard.

Sur ces entrefaites, d'ailleurs, une de ses sœurs, étant devenue veuve, put venir se fixer chez lui et lui donner les soins
dont il commençait à sentir l'utilité.

M. CHEVREUL

L'existence dès lors lui devint douce et agréable; mais cette
sœur, l'ayant précédé de deux ans dans la tombe, un vide d'au-

ant plus grand se fit autour de lui « que, douée des plus émi-
nentes qualités, et ayant puisé aux mêmes sources d'une forte
et tendre éducation, celle qu'il pleurait avait toujours été en
communauté avec lui dans ses nobles ambitions et dans ses
généreuses actions.

» Cette séparation venait donc doubler sa tâche, juste au
moment où ses forces physiques ne suffisaient plus aux devoirs
qu'il s'était imposés.

» Il ne se laissa cependant point abattre. On le vit, au contraire, redoublant d'efforts intellectuels et moraux, dicter jusqu'à ses derniers moments à ses deux neveux les conseils
qu'il continuait à donner à ses nombreux correspondants.

» C'était pour la plupart des jeunes gens, et il cherchait à
exciter leur émulation, à porter leur activité sur les travaux
les plus appropriés à leur situation et à leurs aptitudes ; il leur
traçait la route qu'il s'était préparé à suivre lui-même.

« Ne pouvant plus travailler par moi-même, écrivait-il et
» disait-il souvent, je voudrais du moins faire l'office de la
» pierre à aiguiser qui ne sert pas, mais qui dispose l'acier à
» servir. »

Parmentier mourut à l'âge de soixante-seize ans, le 17 dé-
cembre 1813, juste à temps pour que nos désastres ne vinssent
pas troubler le calme de ses derniers jours.

Il avait été élevé chrétiennement, et il mourut en chrétien.

Les dernières lignes dictées par lui à ses neveux résument
en quelque sorte sa vie entière :

« Je n'ai jamais eu, dit-il, d'autre but que le bien général.
» Ayant entrevu quelques vérités, j'ai entrepris de les appli-
» quer à quelques-uns de nos principaux besoins. J'ai proposé
» ce que j'avais fait et ce que je croyais convenable de faire ;
» ma tâche est remplie.... »

Parmentier dictant ses dernières volontés.

MÉMOIRE SUR LE MAÏS

E que nous avons donné au cours de la notice précédente d'extraits du traité de Parmentier sur la pomme de terre, ne suffirait pas à faire apprécier à nos lecteurs la manière nette, précise, détaillée, employée par ce savant vulgarisateur, pour mettre en lumière les propriétés et l'emploi des végétaux que, dans l'intérêt public, il s'efforçait de populariser.

Selon notre méthode, qui est surtout de faire connaître par leurs œuvres les savants dont nous esquissons la vie, nous reproduisons presque *in extenso* le Mémoire sur le maïs dont nous avons parlé plus haut. Aussi bien le sujet est-il par lui-même aussi intéressant qu'utile à méditer.

Un autre travail de Parmentier, son rapport sur les soupes économiques, trouvera sa place dans la biographie de Rumford, et fera mieux apprécier l'important service rendu aux classes populaires par le célèbre savant américain.

I

Dans le nombre des biens que la conquête du Nouveau-Monde a valus à l'Europe, sans coûter de crimes ni de larmes à l'humanité, il faut compter le maïs.

Les voyageurs les plus dignes de foi assurent que lorsque les Européens abordèrent à Saint-Domingue, le premier aliment que leur offrirent les naturels du pays fut le maïs. Ils ajoutent que pendant le cours de leur navigation ils le retrouvèrent non seulement dans toutes les Antilles, mais au Mexique et au Pérou, où il formait la base de la nourriture.

Cette plante superbe faisait, en outre, chez les incas, l'ornement des jardins qui entouraient leurs palais, jardins magnifiques dans lesquels la nature et l'art rivalisaient d'éclat et de perfection.

C'est ainsi qu'on raconte qu'au Chili, où se trouvait le plus célèbre de ces jardins royaux, étaient cultivés les plus beaux maïs du monde.

La plante naturelle venait-elle à manquer, on lui en substituait d'artificielles formées d'or et d'argent, et si parfaitement imitées, qu'à une faible distance l'œil le plus exercé pouvait s'y tromper. Ces jardins, ou plutôt ces champs, remplis de maïs dont les tiges, les fleurs, les épis et les pointes étaient d'or et le reste d'argent, le tout artistement soudé ensemble, présentaient, au dire du chevalier de Jaucourt, autant de merveilles que les siècles ne verront plus se reproduire.

C'était avec le grain de maïs que la main des jeunes filles, vouées au service de leurs divinités, préparaient le pain des sacrifices, et que l'on composait une boisson vineuse pour les jours consacrés à l'allégresse publique. Ce même grain servait de monnaie dans les échanges commerciaux ; enfin la reconnaissance avait déterminé les peuples, même les plus sauvages de ces îles et de ce continent nouveau, à instituer des fêtes annuelles en son honneur.

C'est ainsi que les indigènes de la Louisiane, considérant ce précieux végétal comme le présent le plus précieux du *Grand-Esprit* qui, selon eux, habite et anime le soleil, avaient et ont encore coutume, chaque année au moment où le maïs de printemps commence à mûrir, de célébrer une fête dont la durée est d'une semaine.

Nos créoles de l'Amérique du Sud nomment cette réjouissance *la grande fête du petit blé*.

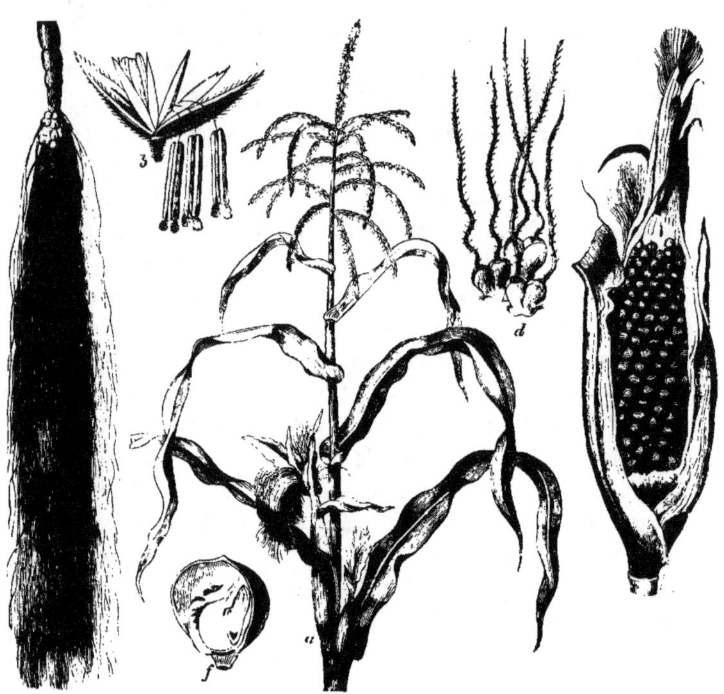

Maïs.

a. Tige. — *b*. Fleur. — *c*. Racine. — *d*. Grains. — *e*. Epi. — *f*. Grain ouvert.

Quelle eût été la surprise et l'admiration des hardis navigateurs qui abordèrent les premiers sur ces rivages enchanteurs, en apercevant des plaines immenses couvertes de ces plantes dont le port majestueux forme le spectacle le plus imposant que puisse offrir la riche famille des graminées, si leurs regards n'eussent été uniquement attirés par l'or?

L'histoire a consacré les malheurs que la soif de ce métal attira sur le Nouveau-Monde, et les Espagnols eux-mêmes, revenus de leur premier enthousiasme, ne tardèrent pas à blâmer et à désavouer les auteurs des maux dont nous ne rappelons qu'avec répugnance le souvenir.

Hâtons-nous donc de jeter un voile sur ce triste tableau qui se reproduit, hélas! chaque fois que quelque nouvelle terre aurifère est signalée à la cupidité humaine, mais dont toutefois le progrès de la civilisation humaine écarte certains abus, certains excès de pouvoir, que rendaient trop faciles les mœurs et l'organisation sociale du xve siècle.

Arrivons à l'époque plus calme et plus prospère à tous égards, où, après s'être disputé et partagé les terres conquises de l'Amérique, il fallut penser à les défricher afin de nourrir leurs nouveaux habitants.

La fécondité naturelle du maïs, la facilité de sa végétation et la nourriture salutaire qu'il fournissait, déterminèrent les chefs de colonisation à adopter et à répandre la culture de ce grain.

Une extension plus grande ne tarda pas à être donnée à cette culture. Les voyageurs tinrent à honneur de faire profiter leurs pays réciproques du bienfait de cette graminée, qui paraissait disposée à s'acclimater aisément, pourvu qu'elle trouvât une terre fertile et quelques mois au moins d'un soleil bienfaisant.

Ils transportèrent le maïs au midi et au nord des deux mondes, et partout il réussit si bien, qu'on est tenté de croire qu'il a été créé pour la terre entière. Il se plaît, en effet, dans tous les cantons; la plupart des terrains et des expositions lui conviennent, et les bruyères desséchées de la Poméranie, les vastes plaines de la Bukowine, aussi bien que les défrichements du centre et du midi de la France, en sont couverts.

C'est donc là vraiment une plante cosmopolite, puisqu'elle
vit également dans tous les climats et qu'elle fournit abon-

Forêt vierge de l'Amérique.

damment une nourriture salutaire pendant toute l'année.
Quels que soient cependant les justes droits que le maïs ait

à nos éloges, nous ne saurions partager l'enthousiasme de certains auteurs qui en ont fait le meilleur de tous les grains et le premier des farineux, plus aisé qu'aucun autre à cultiver, et possédant des qualités nutritives qui procurent aux hommes et aux animaux qui en font usage plus de vigueur et de santé qu'aucune autre espèce de grain connu.

Dans le nombre des productions auxquelles l'homme consacre l'emploi de son terrain et de ses soins, quelques-unes réunissent, en effet, certains avantages précieux pour les pays où leur culture est adoptée; mais il n'en est point qui soient entièrement exemptes d'inconvénients.

Toutes sont plus ou moins sujettes à des accidents et à des maladies ; elles ont toutes et leurs insectes et leurs parasites. Il faut des travaux et des soins pour favoriser leur végétation ; une multitude de circonstances font varier le produit et la qualité de leurs récoltes. Il n'y en a pas une enfin qui n'exige des précautions pour être recueillie, conservée et transformée en aliment; c'est à nous qu'il appartient d'approfondir quelle est l'espèce la plus propre à chaque canton, à chaque climat, à chaque terroir.

Tant que l'homme indépendant a dédaigné l'agriculture, la nature, toujours économe en productions nutritives et livrée à elle-même, ne lui donnait que des fruits âpres, des semences fades, des racines grossières, dont la durée et les ressources étaient très précaires.

Mais les populations devenant plus nombreuses et leurs besoins plus multipliés, il a fallu chercher à obtenir des récoltes plus abondantes, plus sûres et de qualités supérieures.

C'est alors que l'homme a senti la nécessité de façonner son champ par des labours, de l'enrichir par des engrais, de choisir et de préparer la semence, de saisir l'instant propice pour la répandre, et enfin d'en surveiller le produit pendant et après la moisson.

Telle est la loi imposée à quiconque désire retirer de la terre les fruits qu'il la met en état de produire, et c'est alors seulement qu'elle peut joindre la libéralité à la reconnaissance.

Je ne parlerai pas des propriétés merveilleuses que le même esprit d'enthousiasme a attribuées au maïs, indépendamment de la faculté nutritive qu'il possède à un très haut degré; propriétés par suite desquelles les hommes qui font de ce grain la base de leur nourriture seraient plus sains, mieux constitués, moins exposés à certaines maladies, et parviendraient sans infirmités à une extrême vieillesse.

On ne saurait disconvenir qu'une nourriture simple, solide, prise en quantité suffisante, quelle qu'en soit la nature, ne puisse contribuer à la force et à la santé de ceux qui en font usage; mais il n'est pas moins incontestable qu'une constitution robuste doit avoir non seulement une très grande influence sur la nourriture, mais qu'elle doit approprier aux organes tels comestibles qui en paraissent éloignés dans l'état naturel. Bien plus, si dès les premiers jours il résulte de l'usage de cet aliment des effets nuisibles pour l'économie animale, l'habitude qu'on en contracte remédie ordinairement à ces premiers désordres.

Ainsi tout aliment, pourvu que, dans son espèce, il soit essentiellement de bonne qualité et que sa préparation soit convenable, ne produit plus, au bout d'un certain temps, que l'effet nutritif.

Voilà du moins ce que nous apprenons en jetant un regard rapide sur la diversité des aliments, que le goût ou la nécessité déterminent les peuples de la terre à faire servir à leur subsistance ordinaire.

Ceci posé, revenons au sujet qui nous a conduit à entrer dans ces détails, au maïs.

II

Une remarque curieuse et qui s'étend du reste au blé et à la
plupart des grains alimentaires : le maïs ne croît spontané-
ment en aucun endroit, pas même dans son pays natal, et son
produit est toujours subordonné aux soins qu'on lui donne.

Presque toute l'Amérique, une partie de l'Asie, de l'Afrique
et plusieurs contrées de l'Europe tirent leur nourriture de
cette plante, dont la culture — nous le répétons — est, à peu
près dans tous les climats, de nature à procurer, aux populations rurales surtout, une alimentation substantielle et économique, sans compter le profit qu'elle assure indirectement à
ces mêmes populations, par la facilité d'engraissement qu'elle
possède à l'endroit des animaux et surtout des volatiles, et par
le goût fin et délicat qu'elle communique à la chair des animaux qu'on en nourrit.

De même que pour la canne à sucre, que pendant longtemps
les uns ont prétendu être originaire de l'ancien monde, tandis
que d'autres auteurs voulaient en faire un produit du nouveau
continent, le maïs a été l'objet de longues discussions. Les uns
le prétendaient indigène en Afrique, d'autres assuraient que
son usage était répandu en Turquie bien avant la découverte
de l'Amérique (1).

Aujourd'hui la question est irrévocablement résolue pour
ces deux plantes si éminemment utiles dans l'économie domestique de tous les peuples.

Mais elle est résolue en sens inverse pour les deux produits.

(1) De là le nom de blé de Turquie que porte encore le maïs en certains pays.

Tandis, en effet, qu'il est avéré que la canne à sucre a été connue, cultivée et employée à l'extraction du sucre, de temps

Village nègre.

immémorial, aux Indes orientales et sur divers points de
l'Extrême-Orient, il est prouvé que le maïs n'est connu que

depuis la fin du xve siècle dans l'ancien continent, et qu'il y a été apporté d'Amérique.

En ce qui concerne l'Afrique, par exemple, il est indiscutable que ce furent les Portugais qui les premiers transportèrent la précieuse graminée des incas sur la *côte d'or*. Il n'est pas moins avéré que ce grain avait été jusque-là inconnu des nègres, et que c'est à partir de cette époque que sa multiplication en Afrique s'est étendue avec une rapidité et une abondance qui semblent mettre au défi les régions mêmes d'où il est originaire.

C'est donc à l'époque où les Européens, établis dans les îles de l'Amérique, imaginèrent d'aller *acheter des cultivateurs* en Afrique, qu'ils portèrent le maïs dans les pays à esclaves. Par la même occasion, ils rapportèrent au retour le *manioc*, qui de temps immémorial formait la nourriture des nègres....

Triste cadeau qu'ils firent à leurs colonies, en retour du présent inestimable que celles-ci avaient envoyé par leurs soins au continent africain, puisque le manioc, qui ne peut devenir une nourriture qu'après avoir subi une opération préparatoire, et dans lequel le poison est si près de l'aliment, ne devrait nulle part entrer en concurrence avec le maïs et à plus forte raison le détrôner, ou à peu près, comme il est arrivé dans la plupart des colonies américaines.

Les botanistes ont fait pour le maïs ce qu'ils ont fait pour le blé ; ils l'ont subdivisé presque à l'infini (1) ; ce ne sont là cependant que des variétés. Selon le rapport des voyageurs les plus exacts, il n'en existe que deux espèces distinctes : l'une à laquelle il faut cinq mois pour arriver à parfaite maturité, et l'autre qui ne demande que moitié à peine de ce temps pour parcourir le cercle de sa végétation.

Il existe donc incontestablement du *maïs précoce* et du *maïs tardif.*

(1) Déjà, du temps de Parmentier, Tournefort en établissait jusqu'à seize espèces.

C'est ce dernier que l'on cultive en France, ainsi que dans toute l'Europe. Il porte ses tiges plus ou moins hautes, selon la qualité du terrain, la culture et l'exposition.

On le désigne sous le nom de *grand maïs* dans la Caroline et la Virginie, où il s'élève, assure-t-on, jusqu'à six mètres de haut. Mais dans nos pays, il ne va pas, dans sa plus vigoureuse croissance, au delà de la moitié.

Plus vigoureux, plus fécond que le maïs précoce, ce maïs, assurent les agronomes, est au maïs précoce ce que le blé d'hiver est au blé de mars, c'est-à-dire qu'il donne des produits de qualité supérieure, et c'est sur cette supériorité qu'ils se fondent pour justifier l'espèce d'ostracisme qui a partout repoussé son concurrent.

De quelle utilité cependant ne deviendrait pas celui-ci s'il était aussi répandu chez nous qu'il l'est en Amérique ? Il pourrait convenir à un terrain et à une exposition où l'autre ne réussit pas ; il serait probablement possible d'obtenir dans nos provinces méridionales deux récoltes dans une année, ou de le faire succéder à certaines cultures hâtives.

Dans les régions plus septentrionales, où le maïs ordinaire est exposé à être surpris par l'hiver avant sa maturité, auquel cas le grain reste vert et n'est pas de garde, on pourrait éviter ces inconvénients et généraliser avec profit la culture d'une graminée si productive là où on ne la considère, en l'état actuel, que comme culture d'agrément ou de curiosité.

Parmi les variétés dont nous avons parlé, trois principales doivent être mentionnées : le *maïs rouge*, qui est moins estimé chez nous ; le *maïs jaune*, qui est le type primitif et qui convient particulièrement aux terres légères et sablonneuses, et enfin le *maïs blanc*, le plus productif, prétend-on, de tous.

L'humidité, la sécheresse, le froid, le vent influent d'une façon également nuisible sur la qualité et surtout sur le rendement du maïs, que l'enveloppe épaisse dont la nature a entouré sa semence protège aussi longtemps qu'elle est en terre contre la pluie, le froid et les animaux destructeurs. De là, la nécessité de bien choisir l'exposition du terrain.

Plusieurs maladies l'attaquent au moment de son plein développement, et, comme l'expérience a démontré que ce sont les pieds les plus en retard qui se trouvent exposés principalement à ces maladies, il importe, pour obtenir une bonne récolte, de semer de bonne heure.

Une des particularités curieuses de la culture du maïs consiste dans l'étude des animaux qui s'attaquent à son grain.

On sait que les productions végétales, quelles qu'elles soient, ont chacune leurs ennemis particuliers qui semblent leur déclarer la guerre, au moment où l'on vient de les confier à la terre, lorsqu'elles se développent, et lorsqu'on les a récoltées.

Malheureusement il n'est pas toujours au pouvoir de l'homme de les en garantir, et cela malgré la multiplicité des moyens que l'on a proposés ; moyens toujours faciles et efficaces dans les livres, mais toujours insuffisants ou impraticables dans les champs et dans les greniers.

Les oiseaux, les pigeons, etc., peuvent fondre sur les semences de maïs et leur faire un tort infini, si l'on n'a pas l'attention de les recouvrir d'une couche suffisante de terre, et de leur donner une préparation qui puisse en éloigner ces animaux. Il est vrai qu'une fois le grain formé dans l'épi, le maïs n'a plus rien à redouter. La nature y a mis bon ordre en le revêtant de plusieurs feuilles épaisses à travers lesquelles le bec le mieux aiguisé — du moins parmi les oiseaux de nos pays — ne peut l'atteindre ; et quand ces feuilles sont ouvertes par la maturité, le grain alors, ferme et adhérent dans son alvéole, ne saurait être enlevé que par des efforts dont nos oiseaux sont rarement capables.

Mais il n'en est pas ainsi en Amérique et en Afrique : rien ne résiste aux perroquets et aux singes. Ces derniers se réunissent en bandes et enlèvent tout ce qu'ils peuvent atteindre ; on en voit qui emportent à la fois jusqu'à quatre à cinq épis.

Nos climats tempérés n'ont point, par bonheur, d'aussi terribles ennemis à redouter.

Taupe.

Aussi n'est-ce chez nous absolument que pendant qu'il se développe, que le maïs devient quelquefois la proie d'un insecte particulier de la classe des scarabées, que les Béarnais appellent l'*aire*. Cet insecte s'attache aux racines, et ne les quitte que lorsqu'elles sont entièrement rongées. Pendant cette opération, la plante languit et meurt. Le seul moyen de l'en préserver est de travailler la terre aussitôt avec un instrument de labourage bien effilé; on coupe ainsi le chemin à l'insecte.

Le maïs semé dans les sols humides est plus sujet que tout autre aux attaques de ce scarabée.

Un autre ennemi, ou plutôt un autre grand amateur du maïs, est la taupe ; aussi voit-on souvent les taupinières se multiplier dans les champs qui en sont semés, et surtout dans ceux dont le sol est bien meuble. L'animal ronge les racines quand elles sont jeunes et tendres; le pied aussitôt dépérit, et la tige ne tarde pas à se dessécher.

Ici le remède est le même que celui, ou plutôt que ceux employés dans les divers pays contre les taupes; les pièges d'abord, et ensuite divers modes d'empoisonnement.

Un de ces modes qui, paraît-il, réussit assez sûrement, consiste à jeter dans les trous des taupinières des moitiés de noix qu'on a fait bouillir au préalable dans une lessive ordinaire préparée avec de la cendre de bois.

Nous ne garantissons pas l'efficacité de ce remède, qui pourrait probablement s'appliquer aux autres rongeurs destructeurs de nos jardins, loirs, mulots, etc.; mais nous croyons que chacun devrait en faire l'essai chez soi, avant d'avoir recours aux toxiques plus ou moins dangereux qu'on a coutume d'employer en pareil cas, arsenic, noix vomique, pâte phosphorée, etc., dont l'emploi n'est jamais sans inconvénients, sinon pour les hommes, du moins pour les animaux domestiques et, en particulier, pour la volaille.

Quoi qu'il en soit et en ce qui touche au maïs, on peut dire que ce grain semé avec précaution et soigné pendant sa végétation serait, sans les attaques des bêtes fauves, plus qu'aucun autre à l'abri de la rapine des rongeurs et des insectes.

Il est cependant un de ces derniers avec lequel le cultivateur a à compter, mais seulement après récolte faite. C'est un parasite du genre de ceux qui attaquent les autres blés. Toutefois

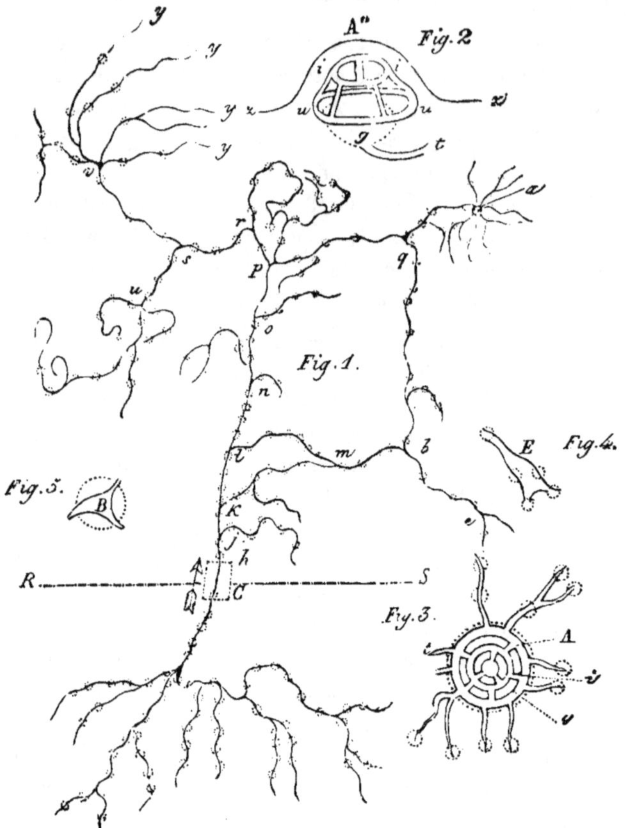

Taupinière.

Cette figure est le dessin très fidèle d'un relevé de terrain fait en 1825 par les soins de M. Etienne Geoffroy Saint-Hilaire.

Fig. 1. — Plan général du nid avec ses galeries et ses boyaux.

Fig. 2. — A" est l'habitation vue de profil.

Fig. 3. — A'" l'habitation vue de face.

Fig. 4. — Nid abandonné.

Fig. 5 — Nid isolé où le mâle enferme la femelle.

La ligne R . . . . . S indique la limite d'un cantonnement abandonné à cause des inondations.

ces parasites sont en moins grand nombre, et d'autre part, la grosseur du grain de maïs permet de mieux le surveiller et de porter plus vite et plus sûrement remède au mal.

III

Le grain de maïs se prête à tous les usages communs aux diverses céréales, comme bouillies ou polentas, gâteaux, beignets, etc. La farine qu'il produit est plus fine, plus succulente, plus nourrissante qu'aucune autre ; elle convient, assure-t-on, à tous les tempéraments, et dans beaucoup de pays on en permet l'usage, même en cas de fièvre, aux malades auxquels tout autre aliment est interdit.

Comme pain, le résultat a été jusqu'ici moins heureux. Employée seule, la farine de maïs, même celle de premier choix, donne un pain compact, lourd et conservant toujours une certaine humidité qui empêche de le conserver. Il ne *trempe pas* dans la soupe, et constitue, en un mot, un aliment dont les populations les plus pauvres ne se contentent qu'à défaut d'autre pain et toujours à regret. Par un mélange avec d'autres farines on obtient un pain meilleur, mais qui reste toujours inférieur au pain de méteil et même au pain de seigle (1).

(1) Parmentier pensait cependant que la farine de maïs était susceptible de donner de bons résultats pour la panification, et dans d'autres parties du Mémoire dont nous détachons ici quelques pages — parties techniques, si nous pouvons parler ainsi, — il préconise diverses manipulations dont il donne la recette. Nous ne croyons pas que, en France du moins, ces méthodes aient atteint le but que poursuivait le savant économiste. Il est vrai que la possibilité de se procurer en tout temps, et quelle que soit la récolte des céréales, la quantité de blé nécessaire à la consommation générale, par la facilité des rapports de peuple à

Aussi est-ce sous la première forme dont nous avons parlé, celle de bouillie et de gâteaux, appelés, selon les pays, polenta, milliasse, gaudes, terrines, etc., que le maïs entre généralement dans l'alimentation humaine. Dans les pays où cette précieuse graminée est cultivée en grand, ces préparations farineuses constituent la majeure partie de la nourriture des habitants des campagnes, et tiennent, en grande partie, lieu de pain.

Comme les autres graines, le maïs se prête à la fermentation, soit pour fournir une boisson vineuse fort estimée en Amérique, soit pour remplacer l'orge dans la préparation d'une bière dont l'usage est aussi sain qu'agréable, soit enfin pour être transformé en alcool par la distillation.

La quantité notable de parties muqueuses et sucrées que contient, non seulement son grain à l'état frais, mais sa tige, attira sur cette plante l'attention des chimistes et des agronomes, lorsque, par suite des guerres qui nous isolèrent si longtemps de nos colonies, on dut chercher à remplacer le sucre de canne qui n'arrivait plus jusqu'à nous, par un produit similaire dont la matière première nous serait fournie par le sol même de la France.

Le maïs fut, après la betterave, un des végétaux qui donna à l'essai les meilleurs produits. Toutefois, la supériorité de la première de ces plantes se manifesta si ouvertement, que les essais de la transformation en sucre des sucs du maïs ne furent pas poussés au delà de quelques expériences de laboratoire.

Si nous ajoutons à tous ces avantages offerts par la plante royale des incas, la nourriture abondante que son grain et ses feuilles fournissent aux animaux domestiques de toute espèce ; peuple, et celle surtout des transports, en écartant la crainte des disettes si désastreuses en Europe jusqu'au commencement de notre siècle, a rendu bien moins importante qu'elle ne l'était du temps de Parmentier la question, alors si grave, de la transformation en pain des grains autres que les différents blés.

aux riches engrais que donnent les détritus de la plante après avoir pour la plupart servi de litière dans les étables, on comprendra l'extension rapide prise par la culture du maïs presque dans le monde entier.

Nous dirons donc de tout cœur avec Parmentier, aux hommes des différents pays où elle peut s'opérer : *Attachez-vous à la culture de ce grain ; c'est de tous les graminées le plus fécond ; celui dont la récolte est la plus sûre, et qui s'accommode le mieux à tous les climats.*

Nous dirons à ceux qui en ont déjà fait usage sous forme de bouillie : *Continuez le déjeuner que vous avez adopté, puisqu'il vous soutient une partie de la journée et que vous le réitérez tous les matins avec le même plaisir.* Enfin nous dirons aux habitants des cantons qui vivent de galettes ou de terrines de maïs : *N'abandonnez pas l'aliment principal avec lequel vos organes sont familiarisés, et, dans la grande abondance que vous pouvez avoir de ce grain, préparez, en outre, des potages, des gruaux, des gâteaux, etc.*

Il est aisé de voir combien il serait avantageux de rendre la culture du maïs plus générale en France. L'exemple d'une foule de nos meilleurs cantons agricoles ne suffit-il pas pour lever tous les doutes que l'ignorance ou les préjugés ont tenté de jeter sur le mérite incontestable d'une plante aussi précieuse?

Qu'il nous soit permis de terminer par une réflexion que nous soumettons non seulement à ceux qui s'occupent d'économie domestique ou de science agricole, mais à quiconque a quelque souci des questions de bien-être général.

Quelle que soit l'époque où nos provinces ont été enrichies (1) de la production intéressante qui nous occupe ici, nous croyons être fondé à avancer que, dans plusieurs cantons de la France, elle a été substituée au sarrasin, ce grain originaire d'Afrique, si riche en son et si pauvre en farine,

(1) Epoque que toutes les recherches de Parmentier n'ont pu parvenir à déterminer d'une façon précise.

avec lequel on prépare une bouillie fort peu substantielle et le plus misérable de tous les pains.

Ce grain n'aurait pas manqué d'être proscrit absolument du territoire français par Sully, si du temps de ce grand ministre le maïs eût été plus connu ou ses avantages économiques mieux appréciés.

Formons des vœux pour que nos contemporains, plus éclairés sur leurs véritables intérêts, s'occupent davantage de cette culture et que l'utilité de ce grain, mieux sentie, le fasse adopter dans tous les endroits qui lui conviennent.

Toutes les terres ne sont pas propres au froment et au seigle ; combien y en a-t-il qui ne rapportent guère plus en grains que la semence qu'on y a jetée, et qui deviendraient une source inépuisable de richesses si on se déterminait à les couvrir de maïs.

Cette plante a si bien réussi dans les différents climats de l'Europe où on en a essayé la culture! Puisse-t-elle un jour remplacer partout chez nous le sarrasin et l'avoine (1)! Ce serait un nouveau service que les sciences (2) auraient rendu à la France et à l'humanité.

(1) Parmentier considère ici l'avoine comme grain alimentaire de l'homme, et non sous le rapport de son emploi comme nourriture du cheval.

(2) Le *Rapport* ou plutôt le *Mémoire* auquel nous avons emprunté ce long article et que l'*Académie royale des sciences, belles-lettres et arts de Bordeaux*, couronna le 11 août 1784, était la solution donnée par Parmentier à la question suivante, mise au concours par la même Académie : « Quel serait le meilleur procédé pour conserver, le plus longtemps possible, ou en grain ou en farine, le maïs ou blé de Turquie, plus connu dans la Guienne sous le nom de blé d'Espagne. Et quels seraient les différents moyens d'en tirer parti, dans les années abondantes, indépendamment des usages connus et ordinaires dans cette province? »

RUMFORD

RUMFORD

RUMFORD

1753 — 1814

I

Peu de vies, et surtout de vies de savants, ont été aussi accidentées et aussi singulières que celle de Benjamin THOMPSON, si pour le nommer nous consultons le livre des naissances de la paroisse de Woburn (Etat de Massachussetts), où il fut inscrit le 26 mars 1753; ou du comte de RUMFORD, si nous en référons aux registres de l'état civil d'Auteuil (Seine), où il mourut le 21 août 1814.

Si la marquise de Lavoisier, dont il fut le second mari, avait eu le soin de réunir, comme elle le fit pour Lavoisier, les diverses circonstances de la vie du savant physicien américain, ces mémoires auraient bien certainement tout le mouvement, tout l'imprévu du roman le mieux machiné.

Rien n'y manquerait, depuis les jours d'humble détresse où notre savant n'était sûr ni de souper le soir, ni de déjeuner le lendemain, jusqu'aux jours d'une autorité presque souveraine ;

depuis la modeste situation de maître d'école de village, jusqu'à la notoriété incontestée de savant de premier ordre.

Ce serait une vie intéressante à lire et peut-être plus intéressante encore à écrire ; malheureusement les documents nous manquent, et avec des hommes d'un tel mérite et d'une si haute renommée, non seulement l'imagination n'a pas le droit de se permettre la plus légère liberté, mais les déductions même des faits connus sont interdites.

Aussi bien d'ailleurs le cadre de notre travail ne supporterait-il pas l'ampleur que devrait alors prendre notre récit.

Nous nous bornerons donc à raconter la vie de Rumford d'après celle de ses biographies qui nous a paru la plus complète et qui passe pour être la plus exacte.

La famille de Rumford descendait de ces premiers et hardis pionniers anglais, qui pénétrèrent, pour s'y établir, dans les vastes solitudes de l'Amérique septentrionale, alors que presque toute cette immense contrée reconnaissait, sous le nom de Nouvelle-France, notre autorité.

Fixés sur le territoire de Woburn, où ils cultivaient une petite ferme, les parents de Rumford étaient placés dans une situation très incertaine ; le travail du père faisait seul face aux besoins de la famille.

Or le père mourut, tandis que le petit Benjamin était encore au berceau ; la mère, qui appartenait à une famille de petits fermiers du voisinage, se remaria bientôt après, et l'enfant, dont le beau-père se souciait peu, eût été réduit au dénuement le plus absolu si son grand-père maternel n'eût pourvu aux frais de son entretien et de sa première éducation.

Le jeune Thompson fréquenta l'école de son village, où, avec les premiers éléments des lettres et des sciences, il apprit un peu de latin ; puis il s'attacha à un ecclésiastique, qui lui donna quelque teinture des mathématiques et de l'astronomie.

A treize ans, sa famille, estimant qu'il en savait assez pour

Ecole de village en Amérique.

un garçon destiné à gagner son pain quotidien, le plaça chez
un marchand de Salem, pour y apprendre le commerce.

N'appréciant pas suffisamment ce qu'il lui fallait quitter et
ne connaissant pas du tout ce qu'il allait recevoir en échange,
Benjamin obéit sans répugnance. Mais l'année de son apprentissage n'était pas encore écoulée que, désertant la boutique
et le comptoir, il revint à Woburn, où il reprit la liberté nécessaire pour continuer ses études.

Il fallait vivre cependant. Thompson ouvrit dans les environs
de la ville une petite école, qui n'était fréquentée que pendant
l'hiver, et dont le produit ne suffisait que tout juste à l'empêcher de mourir de faim.

Sur ces entrefaites, il obtint la permission de suivre les cours
de l'université d'Harward, et pendant plusieurs années, il partagea ainsi son temps : l'hiver était consacré à ses petits éco-
liers, et il employait l'été à compléter les études scientifiques
qu'il n'avait jamais complètement suspendues, même pendant
son apprentissage commercial.

En 1770, il fut invité à tenir l'école de Rumford (aujourd'hui
Concord). Dans ce village, dont il devait illustrer le nom,
il rencontra une riche veuve, Mme Rolle, qu'il tarda peu à
épouser (1772).

Si Thompson avait reçu de la nature les dons de l'intelligence, il n'avait pas été moins favorisé sous le rapport physique.
Sa taille était élevée et bien prise ; sa belle figure empruntait
à des yeux bleus, brillants et bien ouverts, de ces yeux qui
regardent toujours en face et semblent vouloir laisser pénétrer
jusqu'au fond de l'âme ceux de leurs interlocuteurs, une
expression et un charme puissant. Sa riche chevelure noire
faisait valoir la transparence de son beau teint saxon. Ses
manières étaient douces et distinguées ; son tact, exquis ; ses
connaissances, aussi variées qu'étendues ; son esprit, vif et
prompt, et sa conversation des plus attrayantes. Il possédait,
en un mot, tout ce qui chez un homme peut plaire et attacher.

Justement désireux, surtout maintenant que la fortune lui
était acquise, de se distinguer par quelque moyen honorable,
il sollicita et obtint un brevet de major dans la milice, et en
1774, il rejoignait à Boston le corps dont il faisait partie.

Il se trouvait à Woburn quand éclata la guerre d'où devait
sortir l'indépendance de l'Amérique.

Ses opinions favorables à la métropole étaient bien connues ;
il fut arrêté, mis en jugement et acquitté, sans que toutefois
les ardents séparatistes lui pardonnassent et ses tendances
aristocratiques et ses fréquents et amicaux rapports avec les
officiers anglais.

La population de Concord, où il s'était retiré après son
acquittement, était si violemment soulevée contre lui, qu'il
dut fuir, sans prendre même le temps d'emmener sa femme et
sa fille qui était encore au berceau.

Il ne devait plus revoir la première, et ce ne fut que vingt
ans plus tard que la seconde put le rejoindre.

Soit que ses sentiments politiques eussent été mal compris,
soit que la réflexion les eût modifiés, au lieu de joindre l'armée
anglaise, comme on supposait qu'il l'avait fait, c'est devant
Boston, dans le camp même des rebelles, auprès du général
Gates, c'est-à-dire dans les rangs de l'armée nationale, qu'il
avait, en quittant Concord, cherché un refuge.

Le général Gates l'accueillit avec l'empressement que méri-
taient son savoir et son caractère déjà connus, et c'est ainsi
qu'il put prendre part, en volontaire, au siège de Boston et à
la bataille célèbre de Lexington, où il se distingua.

Mais en dépit de ce concours spontané et de ces services
indiscutables, il ne put obtenir un brevet d'officier. L'opinion
publique, probablement sous la pression de l'envie qu'avaient
excitée son mariage et sa fortune, s'était déclarée contre lui.

Il ne lui restait qu'un parti à prendre, quitter l'Amérique.
C'est ce qu'il fit immédiatement (1774).

II

Il se rendit à Londres. La nouvelle qu'il s'était chargé d'y apporter, l'évacuation de Boston, n'était pas de nature à lui ménager un accueil très encourageant.

Il eut cependant la bonne fortune de gagner tout d'abord la confiance du ministre des colonies, lord Georges Sackville, qui l'attacha à ses bureaux, et l'éleva, en 1780, au poste de sous-secrétaire d'Etat de son département.

Au milieu de ses nombreuses occupations, Thompson, avec l'activité d'esprit et de corps qui lui était propre, trouva moyen de reprendre le cours de ses recherches scientifiques. Il se livra, sur la cohésion des corps et la vitesse des projectiles de guerre, à une série d'expériences qui n'amenèrent aucun résultat pratique, mais qui ouvrirent la voie à plusieurs des travaux intéressants qui ont été faits depuis.

Au moment où Thompson, plus jaloux que jamais de se livrer sans obstacles à sa carrière de prédilection, cherchait le moyen de résigner ses fonctions sans froisser lord Sackville, celui-ci, en quittant le ministère, l'en dégagea tout naturellement, et, comme *fiche de consolation*, le fit nommer lieutenant-colonel d'un régiment américain de dragons à la solde de l'Angleterre.

Thompson revit ainsi son pays natal ; mais, tout occupé du soin d'organiser son régiment, il ne prit part à aucun engagement.

L'année suivante, il quittait Long-Island, où il résidait, pour revenir en Europe, avant même les préliminaires de la paix et sans avoir pu embrasser sa femme et sa fille.

Emporté par la vive passion que lui inspirait son nouveau

métier, il imagina d'aller offrir ses services à l'empereur, alors
en guerre avec les Turcs (1783), et il eût accompli son des-
sein sans un incident imprévu qui ouvrit devant lui une vie
plus utile, et où l'attendait une gloire plus certaine et plus
durable.

« En passant à Strasbourg, il fut présenté à Maximilien des
Deux-Ponts, depuis roi de Bavière, qui y commandait un
régiment.

» Ce prince, charmé de ses vastes connaissances et de son
agréable conversation, lui donna des lettres pour son oncle
Charles-Théodore, électeur régnant. C'était un souverain spirituel, instruit, ayant du goût pour les sciences et pour tout
ce qui avait de la grandeur, mais très attaché aux principes
du gouvernement absolu, et qui, en tout, s'était proposé
Louis XIV comme modèle à suivre.

» Les idées politiques de Thompson n'étaient pas très
éloignées de celles du prince ; aussi promit-il à Charles-Théodore, en le quittant après un assez long séjour à Munich, de
revenir auprès de lui et de n'avoir plus d'autre maître.

» Il alla à Londres, et obtint de Georges III, avec la permission d'entrer au service de la Bavière, le titre de chevalier et
le traitement de demi-solde de son grade.

» De retour à Munich, en 1774, sir Benjamin Thompson
jouit immédiatement de la faveur la plus signalée, bien que
d'abord il n'eût d'autres fonctions auprès de l'électeur que
celles d'aide de camp et de chambellan.

» Mais s'élevant par degrés, il fut tour à tour nommé con-
seiller d'Etat, major général, lieutenant général, commandant
en chef des armées, ministre de la guerre, surintendant de la
police, chevalier de plusieurs ordres et membre de plusieurs
sociétés savantes.

» Enfin, Charles-Théodore profita, en 1790, du droit que lui
conféraient ses fonctions de vicaire de l'empire d'Allemagne,
pour accorder à son favori le titre de comte de Rumford. »

Strasbourg.

Ainsi arrivé à l'apogée de la fortune, le comte de Rumford, bien que l'amour des grandeurs fût sa passion dominante, ne se laissa pas éblouir par la faveur dont il jouissait.

Sa grande intelligence lui fit comprendre qu'il ne pouvait se faire pardonner sa haute position par ses contemporains, et transmettre son nom à la postérité qu'en travaillant assidue-ment à s'en rendre digne.

Ses principes autoritaires ne lui permettaient pas de se rendre populaire en flattant les masses; il songea à captiver leur reconnaissance en améliorant leur sort.

Si les idées libérales de Franklin étaient en complète oppo-sition avec ses propres idées, il se faisait gloire du moins de se rencontrer avec son illustre compatriote sur un terrain neutre, où, le prenant pour modèle, il se promit de rivaliser avec lui : ce terrain était celui de la philanthropie.

Il se montrait en même temps organisateur habile et admi-nistrateur modèle; on eût dit que, né sur les marches d'un trône, il avait, dès l'enfance, appliqué son esprit à l'étude du gouvernement d'un Etat.

Sous son impulsion, à la fois prudente et énergique, la Bavière entra dans une voie de progrès, où elle ne devait point s'arrêter pendant tout le temps qu'il resta au pouvoir.

L'administration judiciaire et civile reçurent de notables améliorations.

L'armée fut réorganisée, et c'est au sujet de cette réor-ganisation que se montrèrent dans tout leur jour les vues philanthropiques de Rumford. L'homme d'Etat et le savant, se complétant l'un l'autre en lui, firent de l'armée bavaroise un modèle dont les autres puissances de l'Europe devaient bientôt s'inspirer.

Tandis qu'entre autres mesures nouvelles il prenait à la Prusse ce système de garnisons permanentes, qui devait être jusqu'à ces derniers temps si controversé, et que la France, depuis la guerre de 1870-1871, s'est approprié dans une certaine mesure par la création des corps d'armée occupant une circonscription territoriale déterminée, il cherchait tous les moyens pratiques pour améliorer la position du soldat.

Appliquant à l'armée, ou plutôt à l'humanité tout entière, le dicton qui a cours. parmi les agriculteurs : *tant vaut l'homme, tant vaut la terre*, il estimait qu'un individu ne peut tirer parti de ses forces naturelles au profit de l'emploi qu'il occupe, qu'autant que ces forces sont développées et entretenues par un régime convenable.

De là, sa sollicitude et ses efforts pour assurer l'existence matérielle du soldat.

Au point de vue moral, l'oisiveté, inhérente à la vie de garnison, lui inspira la pensée de créer des ateliers militaires, où se confectionneraient, dans des conditions spéciales de bon marché et de solidité, tous les objets d'habillement et d'équipement nécessaires aux soldats.

Le premier de ces ateliers fut établi à Manheim, et non seulement l'armée bavaroise y trouva les avantages moraux et économiques prévus par Rumford, mais en sentant qu'elle se suffisait ainsi à elle-même, elle y puisa une sorte d'indépendance et d'homogénéité, si l'on peut ainsi parler, qui s'accrut encore dans de fortes proportions, lorsqu'à ces ateliers industriels Rumford ajouta la centralisation, par compagnies, de tout ce qui a trait à l'alimentation.

Cette organisation, basée non seulement sur la juste appréciation des besoins de toutes sortes de l'homme vivant en société d'autres hommes d'une condition exactement identique à la sienne, mais encore sur des données exactes fournies par l'observation scientifique des propriétés et du meilleur emploi possible de chacune des substances, de chacun des objets à employer, eût grandement suffi à la gloire d'un administrateur et d'un savant.

Ce ne fut cependant pas l'œuvre capitale de Rumford. Le service le plus important qu'il ait rendu à l'humanité et qui

lui a le plus justement mérité la reconnaissance, non pas
seulement du peuple bavarois, mais de toutes les nations de
l'Europe, c'est la suppression de la mendicité; c'est de cette

FRANKLIN

mesure, accompagnée de la création de centres de travail et
d'établissements de bienfaisance, que sont sortis l'idée et le
plan de la plupart des établissements similaires qui fonctionnent
aujourd'hui en Europe.

Munich était alors — après Rome toutefois — la ville où la mendicité était la plus répandue. Tous les historiens, tous les voyageurs qui ont parlé de cette ville sont d'accord à ce sujet.

Cet état de chose était entré si profondément dans les mœurs publiques, que songer à y rien changer devait paraître insensé.

Rumford cependant fit plus que de penser à remédier au mal ; il attaqua bravement ce mal dans sa source : le droit de tendre la main sur la voie publique — celui même d'aller réclamer à domicile les secours des habitants — fut interdit aux pauvres ; et des mesures sérieuses furent prises à l'effet de réprimer les murmures que ne pouvait manquer de provoquer le nouveau règlement, et d'en assurer, par un déploiement de force, s'il le fallait, la stricte observation.

Plus de quatre mille personnes en état de travailler, sans compter les enfants, les vieillards, les estropiés, eussent été ainsi privées de l'unique moyen qu'elles avaient eu jusque-là de ne point mourir de faim, si, avant d'édicter la défense de mendier, Rumford n'eût fait disposer d'immenses locaux où tout homme et toute femme valides n'avaient qu'à se présenter pour trouver une occupation et recevoir, en échange d'un travail dont le maximum était déterminé, une nourriture saine et suffisante. Au-dessus du maximum fixé, le travail était taxé et payé, au prix normal de l'époque, à l'ouvrier ou à l'ouvrière qui pouvaient ainsi recevoir en argent de quoi faire face à leurs besoins divers.

L'habillement et l'équipement des soldats, auxquels ne pouvaient encore suffire les ateliers militaires, alimentèrent d'abord ces refuges populaires, dans lesquels ensuite, et peu à peu, différents corps d'état organisèrent un travail assez rémunérateur, pour défrayer en partie le gouvernement des frais d'installation et d'entretien qui d'abord lui avaient incombé en entier.

Munich.

Plus de quatre mille personnes, dès les premiers temps, trouvèrent dans ces ateliers leur pain de chaque jour, et pour beaucoup d'entre elles celui de leur famille.

Ce nombre diminua assez rapidement et tomba à deux mille, chiffre qui se soutint à peu près pendant toute la durée de l'administration de Rumford.

III

Nous avons dit qu'une des.préoccupations les plus sérieuses de Rumford, quand il réorganisa l'armée, avait été d'améliorer la nourriture du soldat. Déjà, à ce moment, un choix d'aliments plus nutritifs et plus sains, un mode de cuisson plus régulière et plus économique avaient été de sa part l'objet de recherches et d'expérimentations très assidues.

On comprend quelle activité nouvelle dut imprimer à ces recherches la création des ateliers philanthropiques de Munich et, par suite, la nécessité de pourvoir journellement à l'alimentation d'un si grand nombre d'individus.

Le déboisement des principaux États de l'Europe était une des questions qui inquiétaient le plus les économistes de cette époque ; la quantité énorme de combustibles que réclamait la cuisson par les moyens ordinaires de chauffage, c'est-à-dire par les feux de bois dans la cheminée, fut un des premiers points dont se préoccupa Rumford. Il appliqua sa connaissance approfondie des lois de la physique à la création d'appareils nouveaux qui, en concentrant la chaleur, devaient diminuer la dépense de combustibles. Ses fourneaux, dits économiques, ont été, on ne doit pas l'oublier, le point de départ de la multitude d'appareils de chauffage économique

qui vont toujours se multipliant à mesure que la science
trouve à utiliser de nouvelles matières combustibles, dont on
ne soupçonnait même pas l'existence il y a un siècle.

Rumford avait, sous ce rapport, accompli de véritables pro-
diges. S'il n'avait pas imaginé d'emmagasiner la chaleur solaire,
comme parlent de le faire des savants de notre époque, il était
parvenu à extraire de la fumée, pour l'utiliser au chauffage,
toute la chaleur qu'elle contient. C'est ce qui faisait dire à un
de ses spirituels confrères : « Cet ingénieux Rumford en arri-
vera à faire cuire son dîner à la fumée des cheminées de ses
voisins. »

Nous avons vu dans notre étude sur Parmentier — et tout
le monde sait, d'ailleurs, — combien, jusqu'à la fin du siècle
dernier, étaient fréquentes et terribles les disettes de blé et
par suite de pain.

Trouver le moyen de substituer à ce dernier, dans la soupe
surtout, aliment indispensable aux peuples européens, des
substances alimentaires de nature à le remplacer, constituait
un problème depuis longtemps posé aux hommes compétents.

Rumford s'appliqua à le résoudre. Nous dirons plus loin, en
donnant l'historique des soupes économiques, comment il y
réussit.

IV

La fortune de Rumford, la faveur dont il n'avait jamais cessé
un seul instant de jouir à la cour de Charles-Théodore, étaient
à leur apogée lorsque ce prince mourut (1799).

Maximilien des Deux-Ponts, qui lui succéda, n'avait ni les
mêmes idées, ni les mêmes vues en matière de gouverne-

ment. L'autorité absolue avait achevé son règne en Bavière, et Rumford qui, avec Charles-Théodore, en était en quelque sorte la personnification vivante, ne pouvait rester au pouvoir.

Trop fier pour accepter un rôle effacé dans un État dont il avait été l'arbitre presque souverain, il s'éloigna de Munich, malgré les efforts que fit Maximilien pour l'y retenir. Il se retira à Londres, mais sans s'y fixer définitivement. La France, Paris surtout, avaient pour lui un attrait auquel il donna satisfaction aussitôt que les événements politiques le lui permirent.

La paix d'Amiens (1802) était à peine signée que, arrivé à Paris, il se faisait présenter au premier consul.

Bonaparte l'accueillit avec cet empressement, cette distinction qu'il se plaisait à accorder au vrai mérite.

L'année suivante, l'Académie des sciences l'admettait dans son sein à titre de membre honoraire, le seul qu'on pût lui donner par suite de sa qualité d'étranger.

Deux ans plus tard, en 1805, il épousait la veuve de Lavoisier, née Paulze d'Ivoy.

Cette union ne fut pas heureuse. La marquise de Lavoisier aimait à recevoir, elle avait de l'esprit naturel, des connaissances acquises; elle possédait ce charme de la femme du monde qui veut plaire et qu'une âme généreuse incline à ne laisser échapper aucune occasion de se rendre utile, ou même simplement agréable, non seulement à ses amis, mais à tous ceux qui réclament son appui.

Son salon était un des plus célèbres de Paris; l'élite de la société s'y donnait rendez-vous; les savants surtout aimaient à s'y rencontrer auprès de celle qui, compagne dévouée de Lavoisier pendant sa vie, s'était donné la tâche de réunir les manuscrits, de rédiger les mémoires de l'illustre et infortunée victime de nos déchirements politiques; tâche qu'elle avait accomplie en épouse affectionnée et en historien exact.

Rumford avait un caractère tout opposé. Peu expansif et même porté à la rudesse par sa nature, il n'était pas prodigue de bienveillance. Si, dans sa passion d'arriver à une haute fortune, il avait su assouplir assez son caractère et son humeur pour rendre sa société agréable et sa conversation vive et brillante, il n'avait point pour cela réformé son penchant à la taciturnité, — quelques-uns de ses biographes disent à sa maussaderie. — Portant, selon l'expression d'un spirituel écrivain, « tout son velours en dehors, » il n'en gardait rien, non seulement pour le dedans de lui-même, mais même pour son intérieur domestique.

De plus, d'une sobriété extrême et d'une économie presque méticuleuse, il présentait, sous tous les rapports, le contraire le plus accentué avec sa femme.

Aussi, au témoignage de leurs amis communs, « ne pouvaient-ils se trouver ensemble quelques instants sans se quereller de la façon la plus vive (1). »

Tous deux comprirent qu'une pareille vie ne pouvait durer, et comme ils avaient chacun une position indépendante, ils se séparèrent à l'amiable et vécurent chacun de leur côté.

Rumford revint aux habitudes premières de sa vie; il se consacra tout entier à la science. Les séances de l'Académie, la rédaction des mémoires qu'il soumettait à la savante assemblée, les nombreuses expériences auxquelles il se livrait assidûment, occupaient presque tout son temps.

Il passait les hivers à Paris et les étés à Auteuil, où il avait acheté une maison de campagne.

C'est là qu'il mourut presque subitement dans la matinée du 21 août 1814, à la suite d'un mouvement de fièvre qui s'était produit pendant la nuit précédente.

______

(1) Ce qui irritait surtout Rumford, c'était la condition faite par sa femme de conserver son titre et son nom de marquise de Lavoisier. Bien qu'acceptée par lui, cette condition froissait si cruellement son orgueil, qu'il ne lui fut jamais possible de pardonner à celle qui, en dépit de ses prières, refusait de s'appeler comtesse de Rumford.

Auteuil.

RAPPORT SUR LES SOUPES ÉCONOMIQUES

DITES SOUPES A LA RUMFORD

présenté par Parmentier, au ministre de l'Intérieur.

E rapport qui va suivre, ou du moins les nombreux extraits de ce rapport que nous avons cru devoir dégager des détails de temps et de circonstances étrangers à notre sujet, mettront nos lecteurs au courant de la question qui a rendu populaire Rumford, et leur feront une fois de plus apprécier la compétence et la clarté avec lesquelles Parmentier traitait tout ce qui est du domaine de la chimie, de l'économie domestique et de la bienfaisance.

De toutes les attributions d'un chef d'État, la plus satisfaisante pour son cœur et la plus paternelle, est, dit-il, celle qui lui confère le soin de pourvoir aux besoins des citoyens, que le défaut de travail et une foule d'autres circonstances plongent chaque jour dans la misère; mais pour remplir cette mission de bienfaisance, il ne suffit pas de chercher à augmenter les ressources dont on peut disposer; il faut que ces ressources ne préjudicient point à la constitution physique des individus auxquels elles sont destinées; il faut que, dans sa préparation, l'aliment du pauvre exige peu d'embarras et de dépense, qu'il devienne plus agréable au goût, plus approprié à l'estomac et, question capitale, plus nourrissant.

Avant de payer au comte de Rumford le tribut d'éloges
qu'il mérite pour avoir cherché le moyen d'être utile aux
classes les moins aisées et par conséquent les plus nombreuses
de la société ; avant d'examiner si la soupe qu'il propose
réunit toutes les conditions que nous venons d'énoncer, qu'il
nous soit permis d'arrêter un instant l'attention du lecteur
sur ce genre de mets par lequel commence ordinairement
le dîner du riche comme celui du pauvre, et qui souvent fait
la partie la plus essentielle, souvent même l'unique, du repas
de ce dernier.

On sait que les végétaux constituent le fondement de la
nourriture des différents peuples de la terre, et que la classe
des farineux est celle que l'homme a partout adoptée de préférence ; ce goût lui est si naturel, il est si impérieux, que
nous forçons même les plantes vénéneuses à y satisfaire,
témoin le *manioc* dont tant de peuplades de l'Afrique subsistent, et qui leur est devenu d'un usage si nécessaire, qu'en
transportant les nègres en Amérique comme travailleurs, il
fallut y acclimater l'arbrisseau qui le produit, afin de les
acclimater eux-mêmes en leur fournissant leur aliment favori.

L'histoire rapporte que lorsque le célèbre Thamas Kouli-
Kan voulait tenter quelque expédition extraordinaire, il ordonnait de rôtir du blé et du millet, opération qui se faisait au
four dans de grands pots de terre. Chaque soldat en emportait dans un sac attaché à la selle de son cheval, ce qu'il lui
en fallait pour vivre pendant quinze jours.

Kouli-Kan lui-même ne faisait, en campagne, usage d'aucun
autre aliment. Comme ses officiers et ses soldats, quand il
sentait le besoin de nourriture, il en prenait une ou deux
pincées, les mettait dans sa bouche, les mâchait et les avalait.
Il ne fit usage d'aucune autre espèce de vivres pendant le
cours de son expédition contre les Tartares, qu'il dompta.

Tel était au commencement des âges, tel est encore chez certaines peuplades l'emploi que l'on faisait des farineux.

La première préparation qu'on leur fit subir, fut de les moudre et de les associer avec de l'eau. Les soldats romains, dont la frugalité est entrée pour une si grande part dans les conquêtes et les triomphes de leurs armées, portaient, comme les Perses de Kouli-Kan, des petits sacs, non plus de blé grillé, mais de blé moulu qu'ils délayaient dans l'eau pour s'en nourrir.

Toutefois, les farineux ainsi mélangés, mais sans former de combinaisons, tout en constituant un progrès, ne présentaient pas encore un aliment homogène, économique et parfait; ce ne fut que par le concours du feu qu'on parvint à identifier l'eau avec la matière nutritive, et à lui donner cette mollesse et cette flexibilité nécessaires à sa transformation en chyle, d'où résulte, disons le mot, *une soupe*.

Bien que nos connaissances relatives à la manière d'agir des aliments soient encore fort incomplètes, on ne saurait douter que l'eau joue le plus grand rôle dans la fonction importante de la nutrition, et que, combinée avec la matière nutritive, elle n'ajoute à ses propriétés. Ce liquide, qui entre dans le pain quelquefois pour un tiers, y devient lui-même solide et alimentaire.

Cette vérité a frappé depuis longtemps les meilleurs observateurs en économie ; ils ont remarqué que la même quantité de farine réduite à l'état de bouillie nourrissait moins longtemps et par conséquent moins efficacement que celle qui se trouvait plus délayée ; que l'eau combinée et modifiée d'une certaine manière avait une influence sensible sur la qualité et sur les résultats de la nourriture.

Aussi voyons-nous, dans les annales de l'humanité, l'aliment qui renferme le plus d'eau, *la soupe*, appartenir à tous les peuples, à tous les siècles, à tous les âges et même aux banquets les plus fastueux ; elle est, après le lait, le premier aliment de l'enfance, et, dans toutes les périodes de la vie, le Français surtout ne s'en lasse jamais.

Le soldat à l'armée, le matelot en mer, le voyageur en route, le laboureur au retour de sa charrue, le journalier qui va travailler loin de chez lui, trouvent, dans la soupe, un aliment qu'aucun autre ne saurait suppléer ; la plupart d'entre eux croiraient n'être pas nourris si elle leur manquait.

Sans remonter à des temps trop éloignés de nous, les preuves abondent qu'un des principaux succès des grands hommes de guerre et des sages économistes fut de procurer aux hommes placés sous leur direction *de bon pain et de bonne soupe.*

Le *Théâtre d'agriculture* est là pour nous prouver que ce fut une des principales préoccupations d'Olivier de Serres, et, d'après ce que dit lui-même le savant agronome, de *tous les bons mesnagers de son temps.*

D'autre part, Vauban, dont le nom et la mémoire s'associent si heureusement à tout ce qui est du ressort de l'art de la guerre et de la science, excellente entre toutes, qui a pour objet la santé et le bien-être de l'humanité, traçait de la même main qui posait les bases de cet art des fortifications qui a si profondément modifié l'art de la guerre, la modeste recette d'une *soupe économique et nourrissante.* Il en proposait l'usage pour les soldats, assurant avec raison que ce simple aliment serait substitué avec avantage aux farines avariées et au pain mal pétri, et plus souvent encore mal cuit, qui leur était distribué.

Nous croyons devoir passer sous silence cette recette dont Parmentier donne le détail, laquelle consiste dans un mélange de grains de froment, d'eau, de lard fondu, avec assaisonnement de sel et de légumes.

Le défaut capital de cette soupe, et l'on s'étonne que Vauban ne s'en soit pas aperçu, consiste dans l'emploi du *grain* de froment, dont l'enveloppe, ne formant aucune combinaison

VAUBAN

avec l'eau et demeurant confondue et non dissoute dans le bouillon, est fort désagréable à rencontrer sous la dent.

Une critique plus sérieuse encore adressée à cette soupe, vise le grain même qui lui sert de base. Le froment, en effet, est regardé, non sans raison, comme le farineux le moins propre à ce genre de préparation. Cette céréale n'est devenue la substance fondamentale de l'alimentation des peuples européens qu'autant que leur industrie a su lui faire subir, soit la torréfaction, soit surtout la fermentation panaire, sans le concours de laquelle il offre à notre économie animale un aliment qui n'est pas, à beaucoup près, exempt de reproche.

Plusieurs recettes du genre de celles de Vauban avaient d'ailleurs été répandues en France avant le temps où il vivait, et un nombre plus considérable encore suivit la sienne.

Les soupes à la farine, aux légumes, aux herbes, aux racines, occupent dans nos traités d'économie domestique une place distinguée, et leur composition est sagement réglée sur les besoins et les ressources des consommateurs.

Quelques-unes de ces recettes multipliées ne tardèrent pas à passer de la théorie à la pratique. On n'a pas encore oublié les avantages qu'ont procurés aux pauvres les distributions de riz économique par les curés de Saint-Roch et de Sainte-Marguerite. Les noms de ces pasteurs zélés sont inscrits à jamais dans les annales de la bienfaisance ; mais ce riz était plutôt une bouillie qu'une soupe, et sous la première forme, les farineux, ainsi que nous l'avons fait observer, plus concentrés et moins délayés, présentent une masse que les sucs digestifs ne peuvent que difficilement pénétrer, dissoudre et changer en notre propre substance.

Qu'arrive-t-il ? elles séjournent peu dans l'estomac, et sont pour ainsi dire précipitées par leur poids dans les entrailles ; ce qui fait que l'appétit renaît bientôt avec plus d'énergie qu'auparavant.

Ces observations préliminaires sembleraient prouver que

les soupes à la Rumford appartiennent originairement à la nation française.

Loin de nous, cependant, la pensée d'affaiblir la reconnaissance que l'on doit à ce philosophe bienfaisant en revendiquant une partie de ce qu'il a fait pour le soulagement des pauvres et pour arrêter la mendicité à Munich, où ses lumières et ses bienfaits laisseront un long souvenir.

Ce qu'on ne pourra d'ailleurs jamais lui ravir, c'est l'idée d'avoir établi des ateliers de subsistance, des cuisines publiques où la classe la moins fortunée peut se procurer, à un prix très modique, un aliment tout à la fois substantiel et salubre, en mettant à profit toutes les lumières que la physique et la chimie offrent pour le meilleur emploi de la chaleur.

Les potages économiques préparés en grand pour fournir à mille personnes à la fois un repas, à raison de sept à huit centimes par ration de sept cent trente-quatre grammes (1), sont une de ces nouveautés admises avec enthousiasme ou rejetées avec passion, surtout en France.

Leurs apologistes et leurs critiques ont parlé ; le comité général de bienfaisance, consulté par le ministre, peut aujourd'hui prononcer : c'est la cause de l'indigence et de l'humanité qui a été ainsi portée devant nous ; jugeons-la, puisque l'expérience et les succès obtenus en Allemagne, en Angleterre et en Suisse, ne suffisent pas encore pour décider la question.

On doit considérer la soupe de légumes sous plusieurs rapports : sous ceux de l'économie animale ; de l'économie domestique, ce qui embrasse l'économie de pain, de main-d'œuvre, de combustible, et enfin, de l'économie politique.

Voyons d'abord ce qui est relatif à l'économie animale.

En jetant les yeux sur les éléments dont cette soupe est composée, on voit qu'ils appartiennent à des végétaux dont

(1) Équivalant à vingt-quatre onces.

l'usage nous est très familier; ils sont propres à tous les climats, à tous les terrains et à toutes les expositions; leur culture est facile et leur récolte plus certaine, plus abondante que celle des autres productions de nos champs et de nos jardins.

Si ces substances que nous avons perpétuellement sous la main sont salubres et nourrissantes lorsqu'elles sont prises isolément, elles le deviennent bien davantage par leur association et par une cuisson ménagée.

Dans son passage à l'état de soupe, la matière nutritive n'a subi d'autres changements que sa combinaison avec l'eau, et un plus grand développement dans ses propriétés alimentaires : on ne doute plus maintenant que la préparation donnée aux différents mets n'en facilite plus ou moins la digestion, et que beaucoup d'aliments ne deviennent plus nourrissants, dès qu'on saisit le point d'apprêt qui leur convient le mieux.

Ces principes reconnus, examinons quel est le grain qui doit avoir la préférence pour servir de base à la soupe de légumes. Il n'y a pas de doute que ce soit l'orge. Tous les moulins en opèrent la mouture; nous savons en France la monder, la perler et la gruer.

Depuis Hippocrate jusqu'à nous, elle constitue, sous diverses formes, le régime des malades. Après le froment, c'est le grain le plus abondant en amidon; il n'a pas besoin d'une fermentation préalable. Il y a plus, cette fermentation préjudicie à la qualité et à la quantité du résultat qu'on en obtient; aussi, n'est-ce pas sans raison que *le pain d'orge* est devenu un point de comparaison non seulement pour exprimer un aliment lourd et grossier, mais, par extension, pour désigner tout individu complètement dénué d'éducation.

Il en est, en un mot, de ce grain comme des pommes de terre, des châtaignes, du riz, du maïs et des semences légumineuses que la nature a destinés à servir de nourriture en substance, en purée, en bouillie ou en soupe, et non sous la forme de pain.

C'est donc contre les vœux de la nature qu'on s'obstine à soumettre tous les farineux à une seule et même préparation.

Les autres bases principales de la soupe de légumes sont les haricots, dont on connaît les avantages surtout dans l'état de purée, et les pommes de terre, qui se prêtent à tant de formes et dont l'utilité est si universellement reconnue.

D'ailleurs, à ces tubercules, si leur emploi paraissait offrir quelque inconvénient ou quelques difficultés, il est facile de substituer des semences légumineuses, telles que haricots, fèves, pois, dont on doublerait la proportion.

Il serait superflu d'arrêter l'attention sur les autres substances qui entrent dans la composition de la soupe de légumes. Elles sont destinées à fournir l'assaisonnement, cette partie si essentielle au mécanisme et à l'effet de l'aliment, et qui contribue à rendre la nourriture plus savoureuse, plus soluble et plus appropriée à notre constitution physique. Elles peuvent être prises dans une foule d'autres matières végétales, suivant la saison et les localités, ce qui variera la saveur de cette soupe sans en changer les effets, et préviendra ainsi les inconvénients ordinaires d'une fatigante uniformité.

Ces soupes sont de deux sortes ; elles sont connues sous les noms généraux de soupe grasse et de soupe maigre. La seconde est la plus universellement adoptée, et nous avons en sa faveur l'autorité de la classe la plus nombreuse, la plus vigoureuse et la plus laborieuse de nos populations : les habitants des campagnes.

Cette soupe est, en effet, l'aliment principal du vendangeur et du moissonneur ; les citadins que la vendange et la moisson appellent aux champs l'ont goûtée, et combien de riches propriétaires, d'élégantes dames l'ont, sans oser peut-être l'avouer, préférée à la saveur de leurs fins coulis.

La soupe à la Rumford est donc la subsistance presque

unique d'hommes qui ont à vaincre et les chaleurs excessives de la saison et les fatigues du jour, souvent celles de la nuit, que réparent à peine quèlques heures d'un repos pris au milieu d'un champ dont ils dépouillent la récolte.

Moissonneurs.

Mais, dira-t-on, l'usage de la viande procure une nourriture qui anime et échauffe davantage que celle fournie par les végétaux. On en convient; mais on fait observer que ces derniers donnent une force plus durable (1). Et d'ailleurs, pour ne demander nos preuves qu'aux animaux, ne voyons-nous pas l'éléphant, le taureau qui broutent l'herbe se montrer à l'occasion aussi furieux et aussi forts que le lion, qui ne se nourrit que de chair et de chair presque vivante?

Heureux, concluerons-nous, ceux qui sont assez avantageusement placés pour pouvoir faire usage des différentes espèces d'aliments tirés des deux règnes, préparés, combinés et mélangés dans des proportions relatives au climat, à la saison et aux habitudes du milieu dans lequel ils vivent.

Bien qu'à notre avis la nourriture végétale mérite souvent la préférence sur la nourriture animale, nous sommes cependant bien éloignés d'admettre uniquement l'une et de proscrire l'autre.

Il y a longtemps que nous avons dit que l'agriculture en France ne serait prospère qu'autant que la consommation de la viande augmenterait de façon à ce que nous pussions nous dispenser de tirer de l'étranger une partie de nos cuirs, de nos laines et de nos suifs, et que la masse des engrais, plus considérable, accroîtrait d'autant le produit de nos récoltes.

De tous les peuples de l'Europe, le Français est celui qui consomme le plus de pain, et la soupe aux légumes en opère une grande économie. Le pain est un aliment cher; le froment avec lequel on obtient le meilleur, a à supporter une manutention pénible et d'autant plus dispendieuse qu'elle est confiée à un plus grand nombre d'hommes, et ce pain qui a déjà coûté tant de soins, de combustible, en coûte encore pour la préparation de la soupe, dont il détermine souvent la décomposition en s'appropriant une grande partie de sa saveur. Tout le monde connaît cet effet du pain mitonné dans le bouillon le plus chargé de gélatine; ce que ne produit pas la farine des grains auxquels la nature a refusé les propriétés panaires,

(1) Nous avons exposé, dans un précédent volume, l'opinion d'Isidore Geoffroy Saint-Hilaire à ce sujet.

si on se borne à les employer dans la soupe comme dans celle
de légumes sans fermentation préalable.

Ce n'est pas seulement la consommation de pain que l'usage
des soupes Rumford diminue ; il produit une épargne considérable sur le combustible. La préparation de la nourriture en
commun offre, en effet, des bénéfices immenses, qu'on ne saurait assez faire sentir....

Taureau sauvage.

Parmentier entre ici dans des détails sur la diminution pro-
gressive du bois de chauffage, dont l'importance, bien qu'atté-
nuée par les nouveaux modes de chauffage, ne laisse pas que
de s'imposer aux préoccupations des agronomes et des économistes.

« Depuis Colbert, qui a indiqué l'anéantissement des forêts
comme un des fléaux qui menaçaient dans l'avenir le sol de la
France, le mal, dit-il, est toujours allé en croissant. D'une

extrémité à l'autre du pays un cri universel réclame des mesures administratives à cet égard. »

Ce cri, depuis qu'il était ainsi signalé par Parmentier, a été entendu, et les mesures réclamées ont été prises ; mais dans quelle proportion l'État a-t-il et peut-il agir en pareille matière ? C'est aux propriétaires, aux grands propriétaires surtout qu'il appartient de porter remède au mal, lequel n'est pas seulement une question de combustible — question en partie résolue par l'extension de l'emploi du charbon de terre, du coke, du gaz, etc., — mais une question climatérique de premier ordre.

L'économie individuelle, l'économie publique et l'économie politique se réunissent donc en faveur des soupes de légumes ; mais ces grands intérêts sont-ils capables de balancer les préventions contre cette forme de nourriture ? et cet aliment, étant donné que l'usage en soit adopté, peut-il devenir exclusif et le seul que la bienfaisance ait à offrir aux indigents. Non, sans doute ; on se fatigue des meilleurs mets et on se fatiguerait de celui-ci avec d'autant plus de raison qu'on ne l'aurait pas préparé soi-même et à sa guise.

Tout en développant les avantages de la soupe de légumes, notre intention n'est donc pas de l'admettre uniquement et indifféremment pour les hommes de tous les âges, de tous les pays, de toutes les conditions, et, par conséquent, de proscrire les autres soupes ; mais nous croyons que la nature, l'expérience et la raison l'indiquent dans une infinité de circonstances où il serait peut-être très utile de la préférer.

D'ailleurs, c'est moins sur la composition de cette soupe que nous insistons que sur le moyen de *préparer en grand, avec le moins de temps et de frais possible*, un aliment dont l'habitude nous a fait un besoin presque indispensable, qui réussit merveilleusement bien au premier âge et à la vieillesse.

« Il serait difficile de méconnaître, dans ce paragraphe du rapport de Parmentier, le point de départ, la base, pourrions-

nous dire, de ces essais, de ces efforts qui ont conduit les
philanthropes, venus après lui, à la création de ce que nous
appelons aujourd'hui les fourneaux économiques. On sait que
cette œuvre d'une si haute importance, de privée qu'elle
était d'abord, a pris, en passant dans nos grandes villes aux

COLBERT

mains de l'assistance publique, un caractère officiel qui en
assure le fonctionnement régulier.

» Mais revenons à notre sujet : *le rapport de Parmentier
sur les soupes aux légumes.* »

Avant, continue-t-il, de porter un jugement sur la valeur

réelle de ces préparations, nous prions nos lecteurs de se transporter dans les cantons éloignés des villes, près des hommes courbés sous le poids accablant du pénible labeur de la terre, pour voir et goûter la soupe que leur préparent leurs ménagères ; ce n'est souvent que de l'eau chaude, assaisonnée d'un chétif morceau de lard, et dans laquelle nage ou s'entasse, selon les pays, un pain noir et compact.

Il n'y a certainement pas un seul de ces hommes qui ne préférât la soupe Rumford à ce maigre et presque rebutant potage.

Que tous ceux qui exercent quelque influence dans le pays unissent donc leurs efforts pour rendre moins indifférents les cultivateurs sur la possibilité d'obtenir d'une petite étendue de terrain une grande quantité de nourriture. Montrons-leur le moyen de tirer un meilleur parti des ressources locales que présente même la région la moins favorisée par la nature, et écartons de leur chaumière les maux dont le manque de subsistance ou la mauvaise qualité de la nourriture sont presque toujours la cause (1).

Ce genre de propagande rencontre, nous ne l'ignorons pas, de grands et sérieux obstacles ; mais s'il faut des années pour convaincre les hommes de l'utilité des moyens qu'on leur propose pour les faire renoncer à d'anciens préjugés et les déterminer à changer de route en faveur d'une nouvelle méthode, il n'est pas permis, parce qu'on se heurte à des difficultés, d'abandonner le soin de les instruire.

Quand on veut être réellement utile à ses semblables, il ne suffit pas de leur dire une seule fois ce qu'on a vu, ce qu'on a fait, ce qu'il convient de faire ; il est du devoir de tout bon citoyen de ne jamais se lasser de le leur répéter, sous

---

(1) Depuis l'époque où Parmentier écrivait ces lignes, la vie matérielle des habitants des campagnes s'est grandement améliorée, ce qui n'empêche pas que ses observations, encore justifiées par les faits, ne méritent d'être prises en considération.

toutes les formes et par toutes les voies, excepté *par celle de l'autorité.*

Les plus puissants motifs militent en faveur de l'adoption de la soupe aux légumes, et nous ne pensons pas qu'il en existe d'assez fondés pour justifier ceux de ses détracteurs qui ont lancé contre elle un arrêt de proscription, sans en avoir jamais goûté, sans même en avoir vu.

A ce propos, Parmentier cite un fait assez curieux.

L'an dernier, dit-il, on proposa au gouvernement pour la nourriture des troupes, une soupe à la farine dont la préparation se bornait à faire frire de l'oignon dans du beurre ou du saindoux, à y jeter ensuite de la farine de froment, et à délayer le tout dans une grande quantité d'eau pour en faire un bouillon dans lequel on mettait du pain à tremper (1).

Le conseil de santé fut chargé par le ministre de la guerre de faire l'examen de cette soupe. Pour la goûter, nous appelâmes les officiers de l'état-major de la 17ᵉ division militaire et plusieurs soldats.

Il fut reconnu à l'unanimité qu'elle présentait à l'œil et au goût tous les caractères d'une bonne soupe, et l'avis général fut, qu'à raison de la facilité et de la promptitude de sa préparation, elle pouvait être, dans beaucoup de cas, d'une grande ressource à l'armée, où l'on manque souvent de viande, de temps et de combustible ; que, donnée par intervalle avec celle de viande, elle était susceptible de soutenir l'estomac du soldat comme elle soutient celui des habitants des montagnes qui en font un usage habituel en Suisse et en Allemagne.

Mais quand il fut question de soumettre cette soupe à l'essai de compagnies entières de soldats, la majeure partie

(1) Cette soupe, dont l'usage est assez généralement répandu dans une assez grande partie de la Normandie, est, quand elle est bien faite, fort bonne, surtout lorsque, au lieu d'eau pure, on emploie l'eau dans laquelle des haricots et des salsifis ont été bouillis. Quand elle est faite à l'eau pure, c'est, à l'addition près de vinaigre, le *tourin* si cher aux Périgourdins de toutes les classes.

de ceux-ci, avant même d'en faire la dégustation, se prononcèrent contre ceux de leurs camarades qui, l'ayant goûtée auparavant, la déclaraient excellente.

Ceci ne doit étonner aucun de ceux qui ont vécu avec le soldat. Nous savons tous, en effet, que de tout temps les innovations, même les plus avantageuses au régime des troupes, ont été difficilement adoptées dans les armées, tant la routine a de pouvoir sur les hommes ; souvent on a été forcé de servir utilement le soldat malgré lui, tant les agglomérations d'individus sont susceptibles de préventions et de préjugés.

Quant aux soupes à base de légumes, l'expérience constante de tous les âges a démontré qu'il n'est pas de nourriture plus propre à prolonger la durée de la vie que celle à laquelle on est habitué dès l'enfance. Or ce sont les farineux qui succèdent au régime lacté, et l'on sait qu'ils ont toujours été préférés par les hommes et les animaux de toutes les contrées de la terre.

Nous nous demandons pourquoi le goût de ce genre de soupe ne se répandrait pas dans les familles qui vivent du produit de leur travail. En la mettant sur leurs tables, on les accoutumerait à son usage ; en en soignant la préparation, on les empêcherait de regretter leur potage gras ou maigre, presque toujours inférieur en qualité.

De faibles encouragements détermineraient les traiteurs populaires qui vendent de quoi tremper la soupe aux ouvriers à aller s'approvisionner de soupe de légumes aux grandes marmites, ou à en préparer chez eux et à en former le fond de leur cuisine.

« C'est là, ce nous semble, une question toujours pendante, et qui, par conséquent, ne doit pas discontinuer d'être maintenue à l'étude. »

LIEBIG

LIEBIG

LIEBIG

(LE BARON JUSTUS)

1803 — 1873

⎯⎯⎯⎯⎯⎯

I

E nom de ce célèbre chimiste, né à Darmstadt le 12 mars 1803, et mort à Munich le 18 avril 1873, est populaire dans tout le monde civilisé, par suite de l'importance qu'il a prise dans l'industrie des produits alimentaires.

Qui ne connaît, en effet, les conserves de viande et surtout l'extrait de viande ou bouillon Liebig?

Quant à signaler comment l'inventeur allemand est arrivé à obtenir ces conserves et cette concentration, on s'en préoccupe généralement peu, et, sauf dans le monde savant, on classe cet inventeur dans les rangs des grands industriels, bien plutôt que dans ceux des chimistes éminents.

Et en cela on se trompe complètement. Si Liebig a enrichi

l'industrie alimentaire de plusieurs produits de la plus haute importance, ce n'est pas qu'il visât à retirer de ses procédés un profit personnel, puisque depuis 1850 à 1853, c'est-à-dire bien avant que ces procédés fussent exploités par lui ou simplement avec l'appui de son nom (1), il les livrait dans le plus grand détail à la publicité, en émettant le vœu que quelque industriel intelligent les fit entrer dans la pratique, ainsi qu'en font foi ses *Lettres sur la chimie*, dont l'édition française, due à M. Gerhardt et publiée par la librairie Masson, porte le millésime de 1852.

Quoi qu'il en soit, d'ailleurs, ces découvertes heureuses, qui devaient élever à la hauteur du philanthrope le savant infatigable dans ses recherches, furent amenées, non par la poursuite de moyens d'arriver à la fortune, mais elles furent le fruit d'une vie consacrée tout entière au progrès de la chimie.

On peut presque dire que son goût pour cette science naquit avec lui. Il se sentait si naturellement porté vers cette branche des sciences, qu'après d'excellentes études, faites dans le gymnase de sa ville natale, et au cours desquelles il avait montré une aptitude toute particulière pour la chimie et la physique, il n'hésita point à chercher sa voie du côté où nous avons vu Parmentier chercher la sienne avant lui.

Il entra comme élève chez un pharmacien d'Heppenheim ; mais les connaissances qu'il pouvait puiser dans le modeste laboratoire où il s'était imaginé trouver une foule d'occasions d'expériences intéressantes, ne suffisant bientôt plus à son besoin d'investigations et de découvertes, il quitta son patron après un apprentissage de dix mois.

L'étude du codex et la manipulation des médicaments

(1) Il ne nous pas été possible, malgré nos recherches, d'élucider cette question. Selon les uns, Liebig aurait fait une fortune immense en faisant fabriquer lui-même son extrait de viande; selon d'autres, son nom seul aurait été, à titre d'inventeur, appliqué aux produits fabriqués d'après sa méthode.

usuels ne lui offraient pas assez d'attraits pour qu'il songeât à aller les continuer dans une pharmacie plus importante.

Abandonnant une profession dont la pratique ne répondait ni à ses goûts ni à ses vues d'avenir, il résolut d'aller puiser aux sources les plus renommées de l'enseignement scientifique de l'Allemagne, et les universités de Bonn et d'Erlangen le virent successivement suivre les cours de leurs professeurs les plus éminents.

Il s'y créa des amis sincères et des protecteurs dévoués; tandis, en effet, que ses qualités natives le faisaient chérir de ses camarades, sa parfaite exactitude à suivre les leçons de ses professeurs, l'attention avec laquelle il écoutait la parole de ceux-ci et sa singulière aptitude à comprendre et à retenir les parties les plus abstraites, les plus compliquées de leur enseignement, faisaient de lui un de ces rares disciples que les maîtres de tous les temps et de tous les pays ont eu, et ont conservé le don heureux de distinguer dans la foule de leurs auditeurs, et qu'ils se plaisent à encourager.

En ce qui concerne Liebig, cet encouragement eut un caractère particulier et décisif, non seulement pour son avenir, mais, dans une certaine mesure, pour l'avancement des sciences en Allemagne : il fut choisi pour être envoyé à Paris. afin d'y suivre, aux frais du gouvernement grand-ducal, les cours de chimie qui attiraient alors (1822) en France tant d'étrangers.

Liebig venait d'être reçu docteur, bien qu'il n'eût pas encore atteint sa vingtième année.

Les séductions de la grande capitale, le double attrait de la curiosité et du plaisir n'eurent aucune prise sur cette jeune nature déjà armée pour les luttes et les travaux de la vie par l'amour du travail, et par un sentiment peut-être plus puissant encore : la volonté de se rendre digne de la confiance de son souverain et de lui payer le plus tôt possible sa dette de reconnaissance, en se rendant utile à son pays et à l'humanité.

Il est à remarquer que, moins accentuée et moins absorbante que chez Parmentier, l'idée fixe de faire profiter ses semblables du fruit de ses connaissances et de ses labeurs se trouve au fond de tous les travaux de Liebig et semble avoir, dès le début, dirigé principalement ses études.

Nous avons sous les yeux, en écrivant ces lignes, un des ouvrages de l'illustre savant, dont chaque page nous donne la preuve de ce tour particulier de son esprit : recherches, expériences, forme même du style, tout se rapporte aussi directement que possible à l'homme, à l'amélioration, à la conservation de ses organes, aux conditions nécessaires pour mettre en parfait équilibre, en lui, l'être physique et l'être moral.

Mais s'il se souciait peu des relations mondaines et des bruyants plaisirs que lui eussent si aisément procurés des rapports suivis avec quelques compatriotes de son âge pour lesquels il avait apporté des lettres d'introduction, il n'épargnait rien pour conquérir et conserver l'estime et l'amitié des savants dont il suivait les cours avec ardeur.

Il se lia ainsi avec Vauquelin, Gay-Lussac, Pelouse, Dumas et beaucoup d'autres de ces hommes illustres qui étaient alors et qui sont restés les maîtres par excellence de la chimie moderne.

Un mémoire rempli de vues neuves et ingénieuses sur l'acide fulminique qu'il présenta à l'académie des sciences fut fort remarqué et attira sur lui l'attention de Humboldt, qui devient dès lors, non seulement son ami sincère, mais son protecteur dévoué.

Ce fut lui, en effet, qui, en 1824, fit rappeler notre jeune savant en Allemagne, pour y occuper la chaire de chimie à l'université de Giessen.

A peine installé dans ses nouvelles fonctions, Liebig donna la mesure de ce que pouvait et devait attendre de lui l'enseignement scientifique en Allemagne. Disons qu'il eut le bonheur,

qui si souvent fait défaut aux hommes capables et de bonne
volonté, de trouver dans le gouvernement de son pays un appui
et un concours qui ne lui faillirent en aucune occasion.

GAY-LUSSAC

C'est avec ce concours qu'il créa tout d'abord, à Giessen, le
premier laboratoire-école que l'Europe ait possédé, lequel

servit plus tard de modèle aux laboratoires que nous possédons en France.

« Pendant vingt-cinq ans, il occupa avec un grand éclat la chaire de Giessen, et ses cours, où se pressaient un grand nombre d'étudiants de toutes les parties de l'Europe, donnaient une importance inattendue à cette petite université.

» En 1837, Liebig fit le voyage d'Angleterre, où il assista au congrès de l'Association britannique pour l'avancement des sciences ; c'est là qu'il lut son curieux mémoire sur la composition et les relations chimiques de l'acide urique : mémoire qui acheva de répandre sa réputation, solidement fondée déjà par des travaux et des écrits remarquables.

» En 1845, Louis II de Hesse-Darmstadt le créa baron. En 1850, il fut appelé à remplacer Gmelin comme professeur de chimie à la faculté d'Heidelberg. Enfin, en 1852, il se fixa à Munich, où on lui donna une chaire et un laboratoire avec des émoluments magnifiques.

» Cette même année, les chimistes de toute l'Europe, désireux de lui témoigner leur haute considération en même temps que la gratitude dont lui étaient redevables tous les amis des sciences physiques, ouvrirent une souscription destinée à lui offrir un présent. Ce présent se composa de cinq pièces d'argenterie d'un goût parfait et d'un admirable travail.

» Membre de toutes les académies d'Allemagne, de la Société royale de Londres, des principales sociétés savantes d'Europe et d'Amérique, Liebig, à qui il ne manquait plus que cet honneur, fut nommé, en 1861, associé de l'Académie des sciences de Paris.

» Liebig, dit un de ses savants appréciateurs, restera comme créateur de nombreuses méthodes d'analyse chimique et comme un de ceux qui ont appliqué des premiers l'analyse aux phénomènes de la vie organique.

» Dans ce champ si fécond, il y a aujourd'hui des centaines de travailleurs, mais il était encore en friche quand Liebig y pénétra et y déploya une activité merveilleuse. Il publia tout seul près de trois cents mémoires sur toutes sortes de ques-

VAUQUELIN

tions chimiques; il collabora à la plupart des revues et diction-
naires scientifiques de son temps.

» Ses principaux ouvrages ont été traduits dans la plupart

des langues de l'Europe. Il a répandu et développé en Allemagne les idées de M. Dumas, idées qui représentent la transition entre le système dualiste et le système unitaire, aujourd'hui adopté.

» Ses travaux ont contribué pour une part considérable aux progrès de la chimie physiologique et à ceux de la chimie organique. Quelques-unes de ses théories sont cependant aujourd'hui combattues, notamment celle qui range l'alcool parmi les aliments dits respiratoires.

» Tout en cultivant le champ de la théorie, Liebig n'a pas négligé celui de la pratique, et peu de savants ont su tirer de la chimie autant de services utiles.

» Parmi les récentes découvertes que l'industrie lui doit, citons une précieuse méthode pour argenter le verre, la formation artificielle de l'acide tartrique, l'application de l'ozone au blanchiment des tissus végétaux (par exemple le papier), la transformation instantanée de l'alcool en acide acétique lorsqu'on le verse goutte à goutte sur du noir de platine, la formation artificielle de l'acide hippurique, des études aussi curieuses que remarquables sur le bouquet des vins, bouquet qu'il attribue à un éther œnantique, et une foule d'autres méthodes qu'il serait trop long d'énumérer ici, d'autant qu'elles ne rentrent pas dans le sujet au point de vue duquel nous nous sommes placés pour apprécier la vie et les travaux de l'illustre savant.

» Nous ne retiendrons donc, pour en parler avec détails et dans un paragraphe spécial, que l'immense service qu'il a rendu à l'industrie et à l'humanité par ses recherches sur la nature des substances alimentaires et sur les moyens de conserver, plus ou moins longtemps, ces substances, de manière à faire profiter un pays, où certaines d'entre elles sont fort restreintes, de leur production trop considérable dans des contrées éloignées. »

Mais avant d'aborder cet objet, qui est à proprement parler

JEAN-BAPTISTE DUMAS

le sujet de notre livre, revenons à Liebig, assistons aux dernières années de cette vie aussi utile que bien remplie.

II

Disons à l'honneur de Liebig que dans sa tranquille résidence de Munich, au milieu de ces incessants travaux, son cœur s'ouvrit, pendant la guerre de 1870-1871, aux plus nobles, aux plus généreux sentiments.

Hôte de la France pendant deux ans, Liebig n'oubliait pas que c'est dans ce mouvement scientifique, dont Paris est l'ardent foyer, que s'était définitivement allumé en lui ce feu sacré dont il avait rapporté le rayonnement dans sa patrie.

Il se souvenait des amitiés réconfortantes, de la camaraderie loyale et désintéressée de toute arrière-pensée de rivalités nationales qu'il y avait trouvées; il se souvenait de l'accueil que ses travaux y rencontraient, de la sympathie que son nom y éveillait, des bonnes relations qu'il y avait conservées.

Aussi, malgré tout ce que l'idée de la grande unité nationale allemande, reconstituée par cette guerre si néfaste pour nous, pouvait avoir de séduisant pour son patriotisme, l'esprit de justice et de reconnaissance qui parlait plus haut encore dans son cœur, ne lui permit pas de se réjouir du triomphe des armées allemandes. Il resta fidèle au souvenir de la France, et il eut le courage de le dire hautement.

Le 18 mars 1871, alors que l'enivrement du triomphe était porté à son comble sur tous les points de l'Allemagne, il ne craignit pas, dans un discours prononcé à l'académie de Munich, de proclamer *sa reconnaissance pour les savants français qui avaient été ses maîtres et qui étaient restés ses amis!*

Si l'on tient compte du parti pris de dénigrement qui, à ce moment, s'efforçait d'abaisser si bas la France, de la montrer comme ayant à jamais perdu tous ses titres à l'admiration et — oserons-nous l'écrire? — à l'estime du monde, on ne peut s'empêcher de voir dans cette déclaration publique un trait de caractère qui, à lui seul, suffit à peindre la noble et généreuse nature de Liebig.

Deux ans après avoir donné cette preuve d'attachement à la France et aux savants français, Liebig allait retrouver dans un monde où ne se heurtent plus les passions politiques et les rivalités de peuple à peuple, les amis cosmopolites que lui avaient valus les services rendus par lui à la science, cette souveraine puissance de notre temps, dont les frontières d'État à État ne sont jamais parvenues à entraver l'élan, à arrêter le progrès. L'aménité de son caractère, ses manières franches et ouvertes, le plaisir manifeste qu'il éprouvait quand l'occasion lui était offerte de rendre service, non seulement à ses amis, mais même à des étrangers, lui gagnaient tous les cœurs.

Aussi la nouvelle de sa mort, qui fut considérée à Munich comme un deuil public, excita-t-elle dans le monde savant d'universels regrets.

Nous avons déjà dit que les services rendus par ce savant étaient nombreux et importants ; en plus, en effet, des *conserves alimentaires* dont ses découvertes ont été le point de départ, et de l'*extrait de viande* dont il a donné lui-même la recette et dont nous parlerons tout à l'heure, Liebig a encore inventé :

1° *Le lait artificiel,* préconisé comme le meilleur succédané du lait de femmes pour l'allaitement des enfants.

Ayant expérimenté sur deux de ses enfants ce produit, qui est composé de lait de vache, d'eau, de farine de froment et de bicarbonate de potasse, il n'hésita pas à le lancer dans le commerce.

Des hommes compétents assurent que ce mélange possède

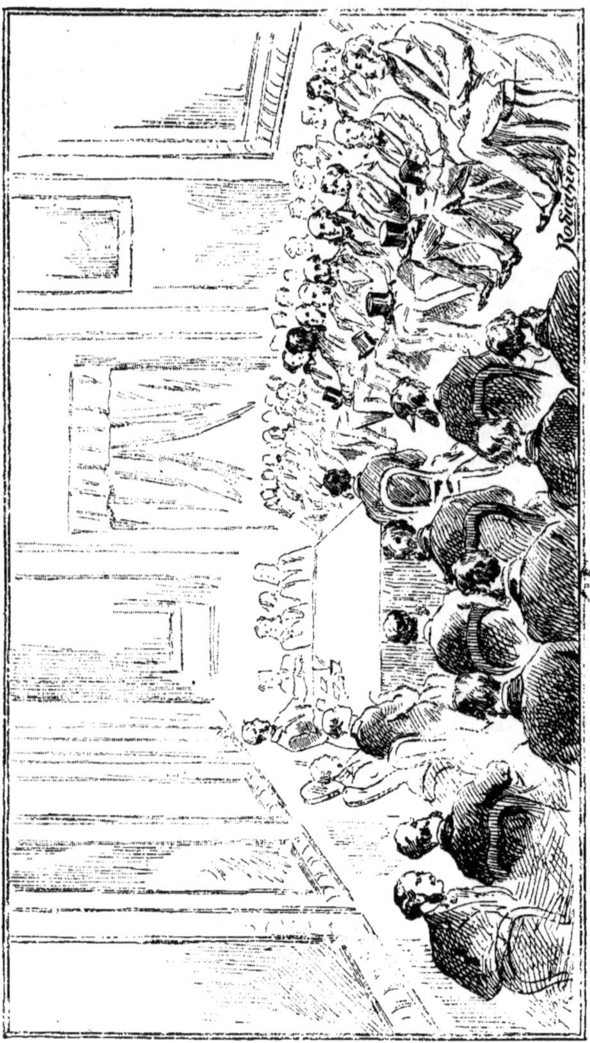

Liebig à l'Académie de Munich.

toutes les propriétés que lui attribue son savant inventeur ; le public français a toutefois ratifié par son abstention la froideur avec laquelle l'avait accueilli l'académie de médecine de Paris.

S'en suit-il que les partisans de ce lait aient eu tort de le vanter ? Nous n'oserions l'affirmer ; on sait, en effet, à quelles hésitations, à quelles difficultés se heurtent, lors de leur première apparition, les meilleurs produits alimentaires, ceux surtout qui se rattachent de près ou de loin à l'art médical et pharmaceutique.

2° Un *pain chimique* dans la composition duquel il entre de l'eau, du vieux fromage maigre, de la farine de seigle, du bicarbonate de soude, de l'acide chlorhydrique et du sel. Ce pain a l'avantage d'être d'une manutention plus aisée et surtout plus rapide que le pain ordinaire ; il est aussi moins sujet à moisir. Nous avouons toutefois que sa substitution aux sains et francs produits de nos boulangeries françaises nous sourirait fort peu.

La recette n'en est pas moins précieuse à garder ; mais il nous semble qu'il est bon de la réserver pour les temps de disette ou de guerre.

L'ALIMENTATION ANIMALE ET VÉGÉTALE

DE L'HOMME

L'extrait de viande (1).

« Avant de donner la parole au baron Liebig, nous croyons devoir présenter à nos lecteurs quelques observations sur la partie principale du sujet qu'il va traiter : l'extrait de viande.

» La conservation des substances alimentaires n'est pas un art nouveau ; elle a été pratiquée de tout temps, et on la trouve en usage dans tous les pays et même chez certains peuples sauvages.

» Toutefois, on peut dire hardiment que cet art a été transformé par les découvertes et les méthodes de Liebig.

» Nous croyons devoir jeter un rapide coup d'œil sur les divers moyens employés jusqu'à ce jour pour préparer ce qu'on appelle en termes d'office « les conserves alimentaires. »

» Le principal de ces moyens, en ce qui concerne les substances animales, est la dessiccation.

» La viande découpée en tranches minces et mise ainsi à sécher au soleil, comme cela se pratique dans quelques parties de l'Afrique et de l'Amérique (2), devient très dure et fournit un aliment aussi savoureux que difficile à digérer.

(1) Extrait de la vingt-cinquième des lettres sur la chimie du baron Liebig.

(2) Au Mexique, les chasseurs emploient un moyen plus simple et plus expéditif; ils placent la viande, coupée en tranches minces, entre la selle et la croupe de leur cheval. Elle y acquiert, par la pression et la chaleur, une dessiccation, et on pourrait dire une demi-cuisson qui permet de la conserver quelque temps.

» Un procédé bien préférable, mais beaucoup plus coûteux, est le suivant :

» On fait tremper pendant cinq à dix minutes la viande à conserver, découpée en morceaux du poids de 50 à 100 grammes, dans une chaudière remplie d'eau bouillante ; puis on la retire et on la porte sur un treillis dans une étuve à air chaud dont la température doit être de 45 à 50 degrés. On plonge ainsi successivement tous les morceaux de viande dans la même eau qui se transforme en un consommé très concentré, auquel on ajoute, s'il en est besoin, au fur et à mesure, un peu d'eau fraîche pour remplacer celle qui se perd par évaporation, et même un peu de sel et quelques épices. Enfin, on évapore ce consommé jusqu'à ce qu'il forme une solution gélatineuse qui se transforme rapidement en gelée par le refroidissement.

» Au bout de deux jours passés à l'étuve, la viande est suffisamment desséchée ; on la retire et on la trempe dans la gelée précédente que l'on a préalablement chauffée ; puis on la reporte à l'étuve, de sorte qu'elle se trouve recouverte d'une sorte de colle de gélatine dont on peut augmenter l'épaisseur par une seconde immersion.

» Ainsi préparée, la viande se conserve sans la moindre altération dans un lieu sec et reprend, à très peu près, ses propriétés primitives lors de la cuisson.

» *Salaison.* — Ce procédé, le plus en usage pour la conservation des substances alimentaires, est trop connu pour que nous nous y arrêtions ; il s'applique à la viande de porc, à celle de bœuf et surtout au poisson de toute espèce.

» Il consiste, comme chacun sait, à frotter la viande avec du sel, à l'en saupoudrer largement et à la ranger ensuite par couches dans des vases de terre ou de bois qu'on appelle *saloirs*, où selon les localités on la laisse pour l'employer au fur et à mesure des besoins, et selon d'autres on la retire quand on la juge suffisamment imprégnée de sel pour la sou-

mettre, soit à la dessiccation à l'air chaud, soit plus communé-
ment à la fumée de plantes aromatiques ou à la *conservation
par l'esprit de vin*. Ce procédé n'est en usage, en ce qui
concerne les substances animales, que pour les sujets anato-
miques. Comme alimentation, il n'est applicable qu'aux fruits.

» *L'emploi du sucre* n'est applicable qu'aux substances
végétales.

» *Emploi du froid.* — La glace conserve les viandes aussi
bien que les végétaux ; mais la décomposition des uns aussi
bien que des autres se produit très rapidement aussitôt que
cesse l'action du froid.

» Il faut donc que les substances alimentaires soient em-
ployées immédiatement après qu'elles cessent d'être en contact
avec la glace, ce qui limite ce genre de conservation à des
usages fort restreints.

» On a essayé cependant, il y a quelques années, de l'appliquer en grand au transport des viandes de l'Amérique en
Europe. Un bâtiment, le *Frigorifique*, fut construit à cet effet,
d'après les données de la science, et envoyé en Amérique. Il
en revint avec une cargaison de *viande fraîche* en parfait état.
Mais, outre que cette viande dût être consommée aussitôt son
débarquement, son prix de revient, par suite des frais même
de conservation, se trouvait au moins égal à celui de la
viande fournie par les éleveurs français.

» Cette expérience, très concluante au point de vue scientifique, n'a donc eu aucune utilité pratique.

» Une méthode connue depuis longtemps, mais qui jusqu'à
ces dernières années n'avait pu être pratiquée sur une assez
large échelle pour constituer une branche spéciale d'industrie,
du moins en ce qui concerne les substances animales, est
celle qui consiste à *soustraire au contact de l'air* les substances à conserver.

» Mentionnons d'abord, à ce sujet, le procédé de Sweny,
qui consiste à remplir un vase avec de l'eau complètement

privée d'air par une ébullition prolongée, à jeter au fond de la limaille de fer, et à y introduire la viande à conserver en y versant dessus de l'huile, de manière à former à la surface une couche de 1 à 2 centimètres.

» Cette couche s'oppose presque entièrement à la dissolution de l'air dans l'eau, et la petite quantité d'oxygène qui pourrait s'y dissoudre est absorbée par la limaille de fer. La viande se conserve ainsi pendant plusieurs mois sans altération.

» Les procédés employés par le célèbre Appert pour les mets déjà préparés reposent également sur le principe de la soustraction complète de l'air. A cet effet, il introduit les mets préparés dans une boîte en fer blanc de grandeur convenable, soude le couvert qui porte une petite ouverture par laquelle il achève de remplir la boîte de sauce, puis soude enfin une petite pièce de fer blanc sur cette ouverture. Il plonge ensuite ces boîtes pendant une demi-heure à une heure, suivant leurs dimensions, dans un bain d'eau bouillante, afin de combiner avec les éléments de la sauce les dernières traces d'oxygène qui pourraient rester dans les boîtes qu'il recouvre enfin, pour plus de sûreté, après le refroidissement, d'un vernis à l'huile.

» Appert livre au commerce une grande quantité de viandes ainsi préparées, qui, d'après les nombreuses expériences auxquelles leur usage journalier dans la marine a donné lieu, se conservent des années entières sans éprouver d'altération.

» Du reste, s'il arrive qu'il y ait fermentation partielle dans une des boîtes, on le reconnaît à la vue de l'extérieur seul par la déformation des parois planes, qu'amène le dégagement du gaz.

» Les menus objets, tels que petits pois, haricots, etc., sont conservés dans des bouteilles en verre que l'on ferme avec de bons bouchons et que l'on place ensuite dans un bain d'eau salée ou de vapeur chauffée un peu au-dessus de 100 degrés.

» Pour prévenir la casse des bouteilles, on emploie des chaudières munies d'un double fond percé de trous, et même on enveloppe préalablement les bouteilles dans des sacs en toile. Après une à deux heures d'ébullition, on retire du feu et on laisse refroidir les bouteilles dans la chaudière ; enfin on les cachète.

» Ces explications données, arrivons à la théorie de Liebig sur l'alimentation animale et végétale de l'homme et à ses méthodes de conservation ; méthodes dont une large application permettrait d'augmenter dans une grande proportion l'usage de la viande parmi les peuples européens. »

I

Le pain et la viande, dit-il, la nourriture végétale et la nourriture animale, agissent de la même manière sur les fonctions organiques que l'homme partage avec les animaux; ils engendrent, dans l'économie vivante, les mêmes produits.

Le pain contient, dans le gluten, de la fibrine et de l'albumine, deux principes essentiels de la viande, et, dans ses parties minérales, des sels indispensables à la formation du sang, les mêmes et en même proportion que dans la viande.

Mais la viande renferme, en outre, un certain nombre de substances qui manquent entièrement dans la nourriture végétale, et c'est de ces autres substances que dépendent certains effets qui distinguent la viande de tous les autres aliments.

Lorsqu'on lessive à l'eau froide et qu'on exprime de la chair musculaire hachée menue, on obtient un résidu blanc et fibreux composé de fibre musculaire, proprement dite, de ligaments, de vaisseaux et de nerfs.

Si la lixiviation est complète, l'eau froide dissout 16 à 24 centièmes de la viande supposée sèche. La fibrine, la partie essentielle de la fibre musculaire, s'élève à plus des trois quarts du poids du résidu lessivé.

Lorsqu'après avoir exprimé celui-ci, on le chauffe à 70 ou 80 degrés, les fibres se contractent, se durcissent et prennent l'aspect de la corne; il s'y opère une modification, une espèce de coagulation à la suite de laquelle la fibre de la viande perd la faculté d'absorber et de retenir l'eau à la manière d'une éponge; il s'en écoule de l'eau, et le résidu chauffé nage alors dans l'eau, comme si on y avait ajouté ce liquide.

La viande lessivée par la cuisson est comme la liqueur dans laquelle elle a été cuite, sans saveur ou d'une légère saveur nauséabonde; elle est d'une mastication difficile, et les chiens mêmes n'y touchent plus.

C'est que toutes les parties savoureuses de la viande sont contenues dans le jus et peuvent s'extraire de la viande par l'eau froide.

Lorsqu'on chauffe peu à peu, par l'ébullition, l'extrait de viande aqueux, ordinairement coloré en rouge par du sang, on voit, quand le liquide a atteint la température de 56 degrés, se séparer l'albumine, d'abord dissoute en flocons caillebotés presque blancs. La matière colorante du sang ne se coagule qu'à 70 degrés; le liquide devient légèrement jaunâtre, limpide et rougit le tournesol, ce qui indique la présence d'un acide libre.

La quantité d'albumine qui se sépare ainsi par la chaleur de l'extrait de viande à l'état de coagulum, varie beaucoup suivant l'âge des animaux. La chair des animaux âgés n'en fournit que de 1 à 2 centièmes; celle des jeunes animaux en donne jusqu'à 14 centièmes.

L'extrait, privé par l'ébullition de la matière colorante du sang et de l'albumine, *possède le goût aromatique et toutes les propriétés du bouillon de viande*. Évaporé, même à une douce chaleur, il se fonce, devient finalement brun et prend un goût de rôti.

Réduit à siccité, il laisse douze à treize parties (pour cent de viande sèche) d'une masse brune, un peu molle, très soluble dans l'eau froide ; ce résidu, dissous dans environ trente-deux parties d'eau chaude et additionné d'un peu de sel, a le goût et tous les caractères d'un excellent bouillon.

L'intensité de saveur de l'extrait desséché est très grande ; aucun ingrédient culinaire ne lui est comparable comme assaisonnement.

Le résidu de la chair épuisée par l'eau froide est de même nature chez différents animaux ; de sorte qu'on ne saurait dans cet état distinguer le bœuf de la chair d'oiseau, de chevreuil ou de porc.

Mais le bouillon des différents animaux possède, outre la saveur propre à tous les bouillons, un goût particulier qui rappelle distinctement l'odeur et la saveur de la chair rôtie de ces animaux ; de telle sorte qu'en ajoutant à du chevreuil bouilli l'extrait concentré de la chair de bœuf ou de poulet, on ne peut plus le distinguer au goût du bœuf ou du poulet rôti.

Ces faits démontrent que la fibre de la chair est, dans l'état naturel, baignée et imprégnée d'un liquide albuminoïde. La qualité plus ou moins tendre de la viande cuite ou rôtie dépend donc de la quantité d'albumine qui est déposée dans la fibre et qui, en se coagulant, empêche celle-ci de durcir.

La viande est cuite, quoique saignante, quand elle a été portée jusqu'à 56 degrés, température de la coagulation de l'albumine ; elle est parfaitement cuite après avoir été chauffée à 70-74 degrés, c'est-à-dire à la température de la coagulation du sang.

On déduit des faits précédents plusieurs enseignements intéressants pour la préparation de la viande.

Les meilleures conditions pour lui communiquer les qualités

requises consistent à la mettre dans le pot quand l'eau est en forte ébullition, à la laisser bouillir pendant quelques minutes, et à maintenir ensuite la température de l'eau de 70 à 74 degrés. L'introduction immédiate de la viande crue dans l'eau bouillante a pour effet de faire coaguler l'albumine de la surface vers l'intérieur et de produire ainsi une enveloppe qui empêche le jus de s'écouler et l'eau de pénétrer davantage dans la viande.

La viande reste ainsi succulente et conserve tout le goût qu'elle peut avoir, parce qu'elle retient la plus grande partie des substances sapides.

Si, au contraire, on met la viande crue dans l'eau froide qu'on porte lentement à l'ébullition et qu'on maintient à cette température, la viande perd toutes les parties solubles et sapides qui passent dans le bouillon ; l'albumine se dissout peu à peu du dehors en dedans, et la fibre devient ainsi dure et coriace. Plus le morceau de viande est mince, plus la perte des parties sapides est considérable.

Ainsi s'explique ce fait bien connu que le procédé qui fournit le meilleur bouillon donne la viande la plus sèche et la plus fade, et que pour avoir un bouilli succulent il faut renoncer à un bouillon parfait.

Le bouillon le plus savoureux et le plus substantiel s'obtient en portant lentement à l'ébullition de la viande hachée menue avec son volume d'eau froide, maintenant l'ébullition pendant quelques minutes, passant ensuite et exprimant le bouilli. Une ébullition plus prolongée a bien pour effet de dissoudre quelques centièmes de parties organiques de plus ; mais le goût et les propriétés du bouillon n'en sont pas, en général, meilleurs.

Lorsqu'on fait rôtir de la viande, la chaleur doit aussi être très forte au commencement et modérée plus tard. Si l'opération est bien faite, le jus, en s'écoulant, s'évapore à la surface de la viande et lui communique la teinte brune, le brillant et le parfum particulier à la viande rôtie.

Les substances qui composent le jus de viande et le bouillon sont fort nombreuses, mais imparfaitement connues. Aucune partie du corps n'est plus complexe que le tissu musculaire ; il est traversé en tous sens par des ramifications infinies de nerfs et de vaisseaux ténus, remplis de liquides incolores ou colorés. En le traitant par l'eau, on en extrait toutes les parties solubles.

Le bouillon est lui-même de nature très compliquée ; la plupart des substances qu'il renferme sont fort riches en azote.

Deux d'entre elles, la *créatine* et la *créatinine*, peuvent s'obtenir en beaux cristaux, incolores et transparents.

Les parties minérales abondent surtout dans le bouillon ; elles s'élèvent jusqu'à un quart du poids de l'extrait de viande sec.

. . . .

Le jus de viande contient évidemment, dans les substances qui la composent, toutes les conditions nécessaires à la formation et aux fonctions des muscles. Il renferme l'albumine qui, en se métamorphosant en fibrine, donne la fibre charnue et d'autres substances qui servent à produire les ligaments et les nerfs. Il alimente les muscles tout comme il est lui-même alimenté par le sang ; et comme les muscles sont la source de tous les effets dynamiques, on peut considérer le jus de viande comme la condition première de la production de toute force dans l'économie.

Ainsi s'explique la vertu du bouillon, cette panacée précieuse des convalescents. Personne n'en apprécie mieux les vertus bienfaisantes que les médecins des hôpitaux : mieux que tous les médicaments, il répare les forces épuisées, ravive l'appétit, fortifie la digestion, ainsi que l'attestent à tous les yeux le teint et la mine des malades à mesure qu'il leur est permis d'en faire usage.

II

Plusieurs médecins et chimistes, pleins d'expérience et de jugement, particulièrement Parmentier et Proust, tentèrent, il y a longtemps déjà, de donner plus d'extension à l'emploi de l'extrait de viande.

Parmentier conseilla de le tenir en réserve dans les ambulances pour l'usage des soldats atteints de blessures graves ; administré avec un peu de vin, il doit, selon lui, remédier à l'instant même à l'épuisement causé par les pertes de sang, et donner aux blessés assez de forces pour supporter le transport. On ne saurait, selon Proust, imaginer d'emploi plus heureux.

« Quel remède est plus puissant, s'écrie-t-il, quelle panacée plus efficace qu'un morceau de *véritable extrait* de viande dissous dans un verre de vin généreux!... »

.... Aujourd'hui que la science a révélé la nature et la composition de l'extrait de viande, n'est-ce pas un véritable acte de conscience que de s'associer à ces hommes éminents, pour recommander aux gouvernements et aux œuvres philanthropiques l'emploi, dans les ambulances et dans les hôpitaux, d'une substance qui est ainsi en même temps un aliment et un remède.

Dans les pays où le bœuf et le mouton ont peu de valeur, par exemple en Podolie, à Buenos-Ayres, au Mexique, en Australie, on pourrait, à très peu de frais, fabriquer de très fortes quantités d'extrait de viande et les importer dans tous les pays d'Europe dont la population se nourrit de végétaux.

Cette industrie aurait aussi de l'importance pour les hôpitaux. L'extrait de viande remplacerait le bouillon préparé dans ces établissements, et le médecin pourrait ainsi, dans toutes les circonstances, prescrire aux malades un bouillon d'une qualité constante et d'une force voulue (1).

Mexico.

Après une étude et une appréciation que nous ne saurions

(1) Il va sans dire, fait observer le baron Liebig lui-même, que les personnes qui voudraient préparer l'extrait de viande pour le commerce,

reproduire *in extenso*, sur les qualités et la préparation de l'extrait de viande, Liebig continue :

III

Il est certain, dit-il, que trois personnes dont une se rassasie de bœuf et de pain, l'autre de pain et de fromage ou de morue, la troisième de pommes de terre, considèrent chacune à des points de vue bien différents une difficulté qui vient se présenter à elle.

L'action des différents aliments sur le cerveau et sur les nerfs varie évidemment suivant certains principes particuliers qu'ils renferment.

manqueraient leur but si elles ne cherchaient pas consciencieusement à éviter les erreurs de leurs devanciers, qui croyaient avoir un véritable et salutaire extrait de viande quand ils avaient obtenu par concentration, à force de cuisson, ce qu'on appelait et ce qu'on appelle encore en certains pays, *des tablettes de bouillon,* tablettes dont la base principale est en matière gélatineuse (*). Ils doivent se rappeler qu'il suffit, pour l'extraction de tous les principes actifs, de faire bouillir la viande pendant une demi-heure avec huit à dix fois son poids d'eau. Avant d'évaporer le bouillon, il faudra enlever avec soin toute la graisse, parce qu'elle se rancirait. L'évaporation devra s'opérer au bain-marie.

L'extrait de viande n'est jamais dur et cassant; il est mou et attire vivement l'humidité de l'air. La cuisson peut se faire dans des chaudières de cuivre étamées; mais l'évaporation exige des vases d'étain pur, ou mieux de porcelaine.

« Si on parvenait à livrer au commerce, au prix d'un écu de Prusse (3 francs 75 centimes) au plus le demi-kilogramme, l'extrait de viande, il serait certainement un article très lucratif, et son emploi serait avantageux à tous égards pour les consommateurs. »

(*) La gélatine heureusement, dit le même savant, n'est plus en faveur comme aliment. On ne la voit plus guère figurer que dans les soupes visqueuses peu ragoûtantes, préparées en Angleterre et en Chine avec des nageoires de poissons et de la chair de tortue, *où elle constitue un élément d'indigestion trop peu apprécié.*

Un ours, entretenu au musée anatomique de Giessen, se
montrait d'un tempérament fort doux, tant qu'on le nourrissait exclusivement de pain ; mais quelques jours de régime
animal le rendaient méchant, hargneux et même dangereux
pour son gardien.

On sait que l'irascibilité des porcs peut être exaltée par le
régime de la viande, au point de leur faire attaquer les
hommes.

Les animaux carnivores sont en général plus forts, plus
hardis, plus belliqueux que les herbivores qui deviennent leur
proie. La même différence se remarque entre les nations qui
vivent de plantes et celles dont la nourriture principale consiste en viande.

Si la force d'un individu consiste dans la somme des effets
dynamiques qu'il peut produire, sans préjudice de la santé,
pour vaincre des résistances, cette force est évidemment en
raison directe des parties plastiques de ses aliments.

Les populations qui se nourrissent de blé et de seigle, sont,
sous ce rapport, plus fortes que celles qui mangent du riz et
des pommes de terres, et ces dernières sont plus robustes que
les nègres qui mangent le couscous, le tapioka, la cassave
et le taro (1).

(1) D'autres rapports, qu'il n'est pas sans utilité de rappeler ici, bien
qu'ils n'appartiennent pas à proprement parler au sujet que nous trai-
tons, se présentent pour les aliments dits de respiration, qui se distinguent surtout par la rapidité et la durée de leurs effets.

Il se passe des heures avant que l'amidon du pain qui se dissout dans
l'estomac et les intestins passe dans le sang et y trouve de l'emploi.

Le sucre de lait et le sucre de raisin n'ont pas besoin de cette dissolution préliminaire par les organes digestifs; ils passent plus rapidement
dans le sang.

L'effet de la graisse est le plus lent; mais il persiste plus longtemps.

De tous les aliments de respiration, l'alcool est celui qui agit le plus
promptement.

Les vins et les sucs végétaux fermentés, en général, se distinguent de
l'eau-de-vie en ce qu'ils renferment des alcools, des acides organiques
et certaines autres substances que la chimie a encore à déterminer.

L'homme carnivore — reprend Liebig pour résumer sa théorie sur l'usage de la chair comme alimentation humaine — l'homme carnivore a besoin pour sa subsistance d'un domaine immense, bien plus étendu que celui du lion et du tigre, parce qu'il tue sans manger lorsque l'occasion s'en présente. Une nation de chasseurs confinée dans un terrain est incapable de se multiplier.

Le carbone, indispensable à la respiration, a besoin d'être enlevé aux animaux, dont un nombre limité seulement peut vivre sur une surface donnée.

Ces animaux récoltent dans les plantes les principes de leur sang et de leurs organes, et ils livrent ces principes aux

La bière est une imitation du vin. L'eau-de-vie se compose d'eau et d'un principe du vin.

L'alcool occupe un rang distingué comme aliment de respiration. Son injection dispense des aliments amylacés et sucrés, mais il est incompatible avec la graisse.

On a remarqué, en effet, que les personnes habituées à l'usage du vin, en perdent le goût quand elles prennent de l'huile de foie de morue.

Après l'établissement des sociétés de tempérance, on crut équitable, dans beaucoup de ménages anglais, de compenser en argent la bière que recevaient tous les jours les domestiques, et dont ils s'abstenaient une fois membres de ces sociétés. Mais on s'aperçut bientôt que la consommation du pain augmentait dans une proportion surprenante, de telle sorte qu'on payait deux fois la bière, une fois en argent et une fois en pain.

Le propriétaire de l'hôtel de Russie, à Francfort-sur-le-Mein, a fait une observation remarquable à l'occasion de la réunion dans cette ville des membres du congrès de la paix. Il y eut, à sa grande surprise, une véritable disette de certains mets, notamment de farinages, de puddings; chose inouïe pour une maison où les quantités de plats, pour une table garnie d'un nombre déterminé de personnes, sont connues et fixées depuis de longues années. C'est que l'hôtel était rempli d'amis de la paix, tous membres des sociétés de tempérance qui s'interdisent l'usage du vin.

Un savant contemporain a fait la remarque que les personnes qui s'abstiennent de vin mangent davantage en proportion ; dans les pays vignobles, le prix du vin est toujours compris dans le prix du repas, et l'on n'y trouve pas injuste de faire payer le vin qu'on sert aux tables d'hôte aux personnes mêmes qui n'en boivent pas.

Oiseaux carnivores (vautours et cigognes dépeçant un éléphant).

Indiens chasseurs, qui les consomment sans les substances qui
entretenaient la respiration des animaux pendant la vie.

Aussi, tandis que l'Indien pourrait, avec un seul animal et
un poids égal de fécule, entretenir sa santé et sa vie pendant
un certain nombre de jours, il lui faut consommer cinq animaux pour produire la chaleur nécessaire pendant ce même
temps. C'est que sa nourriture renferme un excès d'aliments
plastiques et qu'il y manque les aliments de respiration indispensables; de là chez les hommes carnivores une propension particulière à l'usage de l'eau-de-vie.

L'agriculture modifie ou plutôt transforme ces conditions
vitales. On ne saurait rien dire à ce sujet de plus clair, de
plus profond que ces paroles adressées par un chef américain
aux Missisagues, sa nation. Les voici, telles que les rapporte
Crèvecœur :

« Ne voyez-vous pas que les blancs vivent de grains, tandis
que nous vivons de viande? Que la viande exige plus de trente
mois pour pousser, et qu'elle est souvent rare? Que chacun
des grains merveilleux qu'ils sèment dans la terre leur rend
plus du centuple? Que la viande a quatre jambes pour se sau-
ver, tandis que nous n'en avons que deux pour l'attraper?
Que les grains restent et poussent là où les blancs les sèment?
Que l'hiver qui est pour nous le temps des chasses pénibles,
est pour eux le temps du repos?

» C'est pour cela qu'ils ont tant d'enfants et qu'ils vivent
plus longtemps que nous. Je le dis donc à tous ceux qui m'en-
tendent, avant que les arbres sur nos cabanes aient péri de
vieillesse, avant que les érables de la vallée cessent de donner
du sucre, la race des petits semeurs de blé extirpera la race
des mangeurs de viande, si ces chasseurs ne se décident pas à
semer. »

«Liebig termine la lettre dont nous avons extrait les passages
qui précèdent par ce clair résumé de sa théorie sur le sujet
qui nous occupe.

» Nous reproduisons avec d'autant plus d'empressement ces éloquentes pages qu'elles peignent, en traits aussi exacts que vifs, l'état actuel de notre civilisation au point de vue des rapports intimes qui se sont créés entre les sciences, et en particulier entre la chimie et l'économie domestique et sociale. »

Le caractère de la civilisation, dit-il, c'est l'économie des ressorts. La science enseigne quels sont les moyens les plus simples pour obtenir un maximum d'effets avec la même dépense de force organique, pour surmonter un maximum de résistance avec des moyens donnés.

Toute dépense inutile, tout gaspillage de force dans l'agriculture, dans l'industrie, ainsi que dans la science et surtout dans l'État, dénote une civilisation incomplète, un état de barbarie.

Ce qui distingue précisément notre époque des temps antérieurs, c'est cet accroissement extraordinaire de force dû aux progrès des sciences physiques et mécaniques. Les causes de tout effet, de tout mouvement ont été approfondies ; grâce à ces investigations, l'homme est arrivé à une connaissance plus intime des lois de la nature, et il trouve des serviteurs dévoués dans des forces physiques, qui lui inspiraient autrefois de la terreur. Et, en chargeant ainsi des machines du service des esclaves, la science a rétabli une plus juste proportion entre les forces physiques et la force organique.

. . . .

Par les forces développées dans l'économie, l'homme oppose une résistance aux forces physiques qui tendent sans cesse à le détruire, une résistance qui a besoin tous les jours d'être renouvelée....

Dans chaque seconde il meurt une partie de notre corps, et, au bout de soixante-dix à quatre-vingts ans, la machine, même en parfait état de santé, tombe au pouvoir des puissances terrestres ; alors toute résistance cesse de sa part, et ses éléments retournent dans l'atmosphère et dans le sol.

Toute notre vie physique est une lutte incessante contre les forces physiques, une alternative continuelle d'équilibre rompu et d'équilibre rétabli.

L'homme a besoin d'*aliments* et de *boissons* comme moyen de produire de la chaleur et de la force ; par eux s'engendre dans son corps la résistance contre l'action de l'atmosphère, qui s'empare à tout instant d'une partie de son corps pour l'absorber en elle.

Pour conserver sa chaleur, pour se garantir des intempéries, il lui faut de quoi se *loger,* se *vêtir,* et se *chauffer ;* puis, pour conserver sa santé, pour la rétablir en cas de maladie, il a besoin des *moyens de propreté* et des *médicaments.*

La nourriture et la boisson peuvent jusqu'à un certain point remplacer les vêtements, le chauffage et les médicaments; mais elles ne sauraient elles-mêmes être remplacées par aucun des autres éléments de la vie. Elles sont de nécessité absolue, elles sont indispensables.

En cas d'insuffisance de résistance intérieure, en cas de faim, les mêmes forces physiques qui entretiennent les activités vitales pénètrent peu à peu jusqu'au siège de la vie, et, semblables à un glaive, elles en tranchent les liens.

L'homme exige aussi pour la conservation, le développement, l'éducation de ses sens, certains autres éléments qui constituent ses besoins d'*agrément* et d'*utilité.*

Enfin l'homme réclame, en outre, la satisfaction de certains besoins résultant de sa nature spirituelle, et auxquels ne sauraient suffire les forces physiques : il veut exercer et développer son intelligence. C'est elle, d'ailleurs, qui règle l'emploi judicieux des forces de son corps, qui dirige les forces physiques et les fait servir à la satisfaction de tous ses besoins, tant de *première nécessité,* que d'*utilité* et d'*agrément.*

FIN 

TABLE DES MATIÈRES

TABLE DES VIGNETTES

CONTENUES DANS CE VOLUME

— Lille. Typ. J. Lefort. 1886 —

Rumford.